U0397966

专家寄语

希望更多的小读者能够通过此书了解国家公园，热爱自然、亲近自然、保护自然。

——中国科学院院士、保护生物学家、大熊猫研究与保护终身成就奖得主

魏辅文

爱林护草，亲近自然。
我向所有对自然科学知识充满好奇的小朋友们推荐此书。祖国大地永远是你们梦想的发源地，愿你们能在中国国家公园里打开了解自然奥秘的大门！

——国家林业和草原局首席科普专家、中国科学院科学传播研究中心副主任

邱成利

审图号：GS 京（2023）1617 号

图书在版编目（CIP）数据

中国国家公园 / 刁鲲鹏，董舒怡著；张敏璇绘. —北京：北京科学技术出版社，2023.10
ISBN 978-7-5714-3221-8

Ⅰ. ①中… Ⅱ. ①刁… ②董… ③张… Ⅲ. ①国家公园－中国－少儿读物 Ⅳ. ① S759.992-49

中国国家版本馆 CIP 数据核字（2023）第 168881 号

策划编辑：沈　韦
责任编辑：刘婧文
营销编辑：郭靖桓　李尧涵
图文制作：霸王花工作室
责任印制：李　茗
出 版 人：曾庆宇
出版发行：北京科学技术出版社
社　　址：北京西直门南大街 16 号
邮政编码：100035
ISBN 978-7-5714-3221-8

电　　话：0086-10-66135495（总编室）
　　　　　0086-10-66113227（发行部）
网　　址：www.bkydw.cn
印　　刷：北京盛通印刷股份有限公司
开　　本：889 mm×1194 mm　1/8
字　　数：156 千字
印　　张：12.5
版　　次：2023 年 10 月第 1 版
印　　次：2023 年 10 月第 1 次印刷

定　　价：188.00 元

京科版图书，版权所有，侵权必究。
京科版图书，印装差错，负责退换。

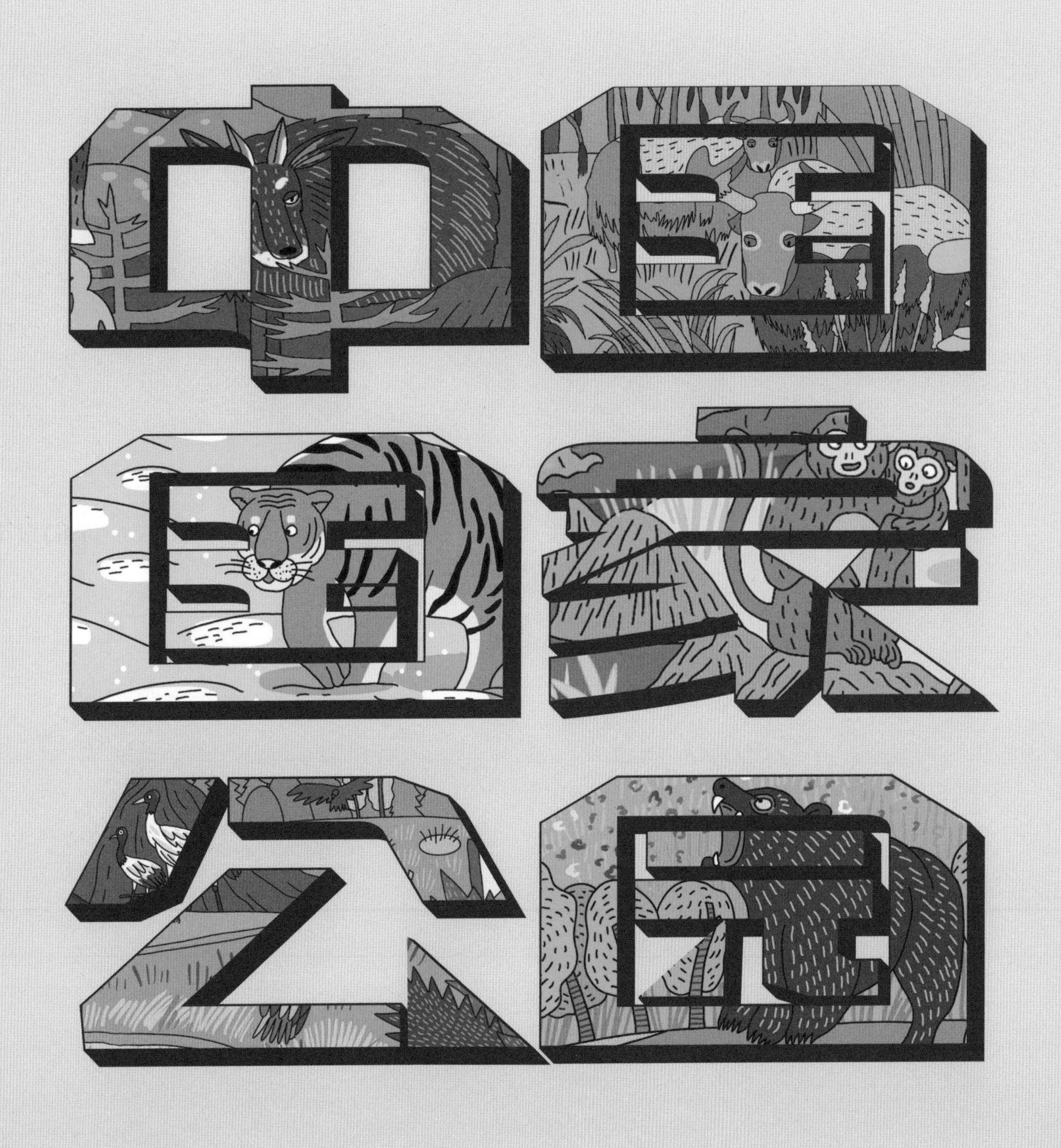

刁鲲鹏　董舒怡◎著

张敏璇◎绘

北京科学技术出版社
100 层 童 书 馆

“咕咕咕……”
咦，这里怎么这么热闹？
原来是鸽子们正在讨论
它们在中国国家公园的工作任务！
这么神秘的工作，
可一定要好好了解一下！
第X届鸽界
大家都来我的泥炭藓种植园玩啊！报我的名字打九九折！这个种植园的前期调研还是在南山国家公园做的呢。对了，那里的万物车站我也投资了……
——第82页
你们的故事好精彩呀！我最
下周一晚八点，鸽鸽卫视，我在东北虎豹国家公园拍的节目要播出了，大家记得准时收看！
——第34页
嗯……我在海南热带雨林国家公园做的记录还要整理一下……
——第24页
消毒水
我也在武夷山国家公园做了地史学和生态学的调查！
——第42页
我在钱江源国家公园帮助了很多病人呢！

秘密行动大会
你的经历一定没有我在三江源国家公园的刺激。——第14页
哇，你是怎么知道我就是大侦探普尔的？我最近在神农架国家公园找“野人”呢，我有信心，马上就能找到！——第58页
咱们的会议什么时候结束？我还要赶着回祁连山国家公园，保护自然景观和小动物们呢！——第50页
我……我的画展也要开幕了……是取材于普达措国家公园的……——第66页
不会还有鸽不知道吧？我和大熊猫国家公园的明星们都是好朋友！这次我还陪大熊猫唐唐去见了它在秦岭和甘肃的亲戚！——第4页
我品尝了好多美食！——第74页

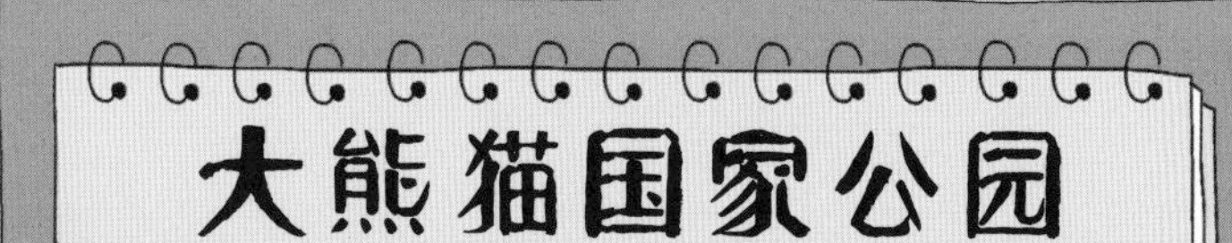

大熊猫国家公园

鸽子档案

Hi

我是鸽子京京，一位勇敢又机灵的探险家！

姓名
京京

物种
斑林鸽（*Columba hodgsonii*）

职业
探险家

斑林鸽习惯在森林中生活。

它们很机警，见到人类会立刻飞得远远的！

它们在森林里找吃的，通常两三只一起行动。

它们有时会几十只成群结队地出现。

它们把巢筑在悬崖上的石缝里。

它们筑的巢浅浅的，但很大，漂亮极了。

爱探险的鸽子京京来到了大熊猫国家公园。现在有 3 条路线可以选择，它会踏上哪条探险之路呢？

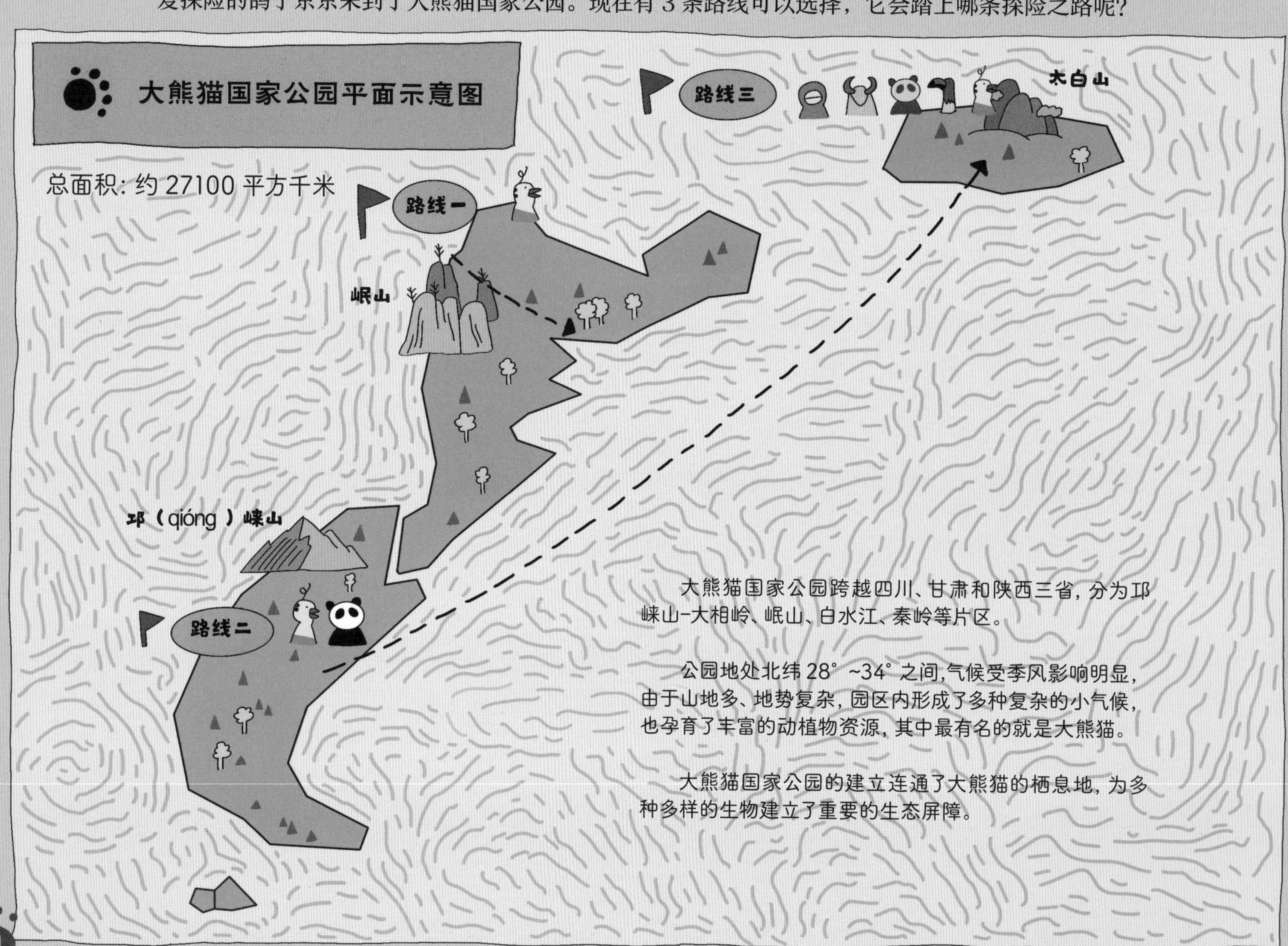

大熊猫国家公园平面示意图
总面积：约 27100 平方千米
路线一
岷山
路线三
太白山
邛（qióng）崃山
路线二

大熊猫国家公园跨越四川、甘肃和陕西三省，分为邛崃山–大相岭、岷山、白水江、秦岭等片区。

公园地处北纬 28°~34° 之间，气候受季风影响明显，由于山地多、地势复杂，园区内形成了多种复杂的小气候，也孕育了丰富的动植物资源，其中最有名的就是大熊猫。

大熊猫国家公园的建立连通了大熊猫的栖息地，为多种多样的生物建立了重要的生态屏障。

路线一：独自出发去旅行

路线二：陪大熊猫唐唐去串门
唐唐，
你好呀！

路线三：和秦岭四小宝一起去探险
朱鹮（huán）
大熊猫
羚牛
川金丝猴

路线一
从高处望去，大熊猫国家公园简直大得无边无际！感受一下，这里温暖的空气有点儿潮湿。
地貌特点
西北高
东南低
河谷深切
地势崎岖
深谷落差大
>1000米
大熊猫国家公园所在的地方是全球地形地貌最为复杂的地区之一呢！
嗯……
从哪里出发呢？
突然，京京看到有人出现，它吓了一跳，赶快飞走了。
!!
就这么走！
想了又想，为了避开人类，
京京选择了岷山高高的山顶作为出发点。
这里白雪皑皑，山脊绵延不绝！
哇！
土壤还挺特别的！我记得我查过资料。
这里的大部分土壤是由花岗岩风化发育而成的砂壤土，土壤中富含腐殖质！
还是快点儿出发吧！
站在冰冷的土壤上，
京京冻得直发抖。
北
东
南
西
身体变暖和了！
从山顶滑翔而下，越向东南飞，
京京的身体越暖和！

京京从山顶往下飞，见到的植物越来越高：先是矮矮的草甸、灌木，之后是高大的乔木。
飞到凉快的竹林里，京京还看到了它的熊猫朋友们，它们还和京京打招呼呢！

出现矮矮的草皮了！
草甸
灌木
乔木
你们好呀！

大熊猫国家公园属于温带大陆性季风气候。这里四季分明，冬季寒冷有雪，夏季多雨凉爽。

随着海拔升高，这里可以看到的植被类型依次是典型亚热带常绿落叶林—常绿落叶阔叶混交林—温带针叶林—寒温带针叶林—灌丛和灌草丛—草甸。

和煦的春天
多雨的夏天
飘雪的冬天
凉爽的秋天

在京京向低处飞行的同时，远处的流水也倾泻而下。飞翔中的京京看直了眼。

瀑布
急流
真是壮观！
什么声音？
险滩
知识点来了！大熊猫国家公园里有嘉陵江、岷江、沱江、汉江和渭河五大水系。
这里山高坡陡，高度落差大，流水形成了瀑布、急流、险滩……

草甸
灌丛和灌草丛
寒温带针叶林
温带针叶林
常绿落叶阔叶混交林
亚热带常绿落叶林
高山杜鹃
金露梅
箭竹
独叶草
云杉
红豆杉
华山松
白桦
桢楠
菖蒲
珙桐
青冈
海拔每上升 100 米，温度降低大约 0.6℃！海拔越高，温度就越低。
大熊猫国家公园
知识
我从山上一路飞下来，看到生长在不同海拔的各种植物。这次探险还真是收获满满呢！

路线二

箭竹

好茂密的竹林。

不如去找唐唐玩吧！

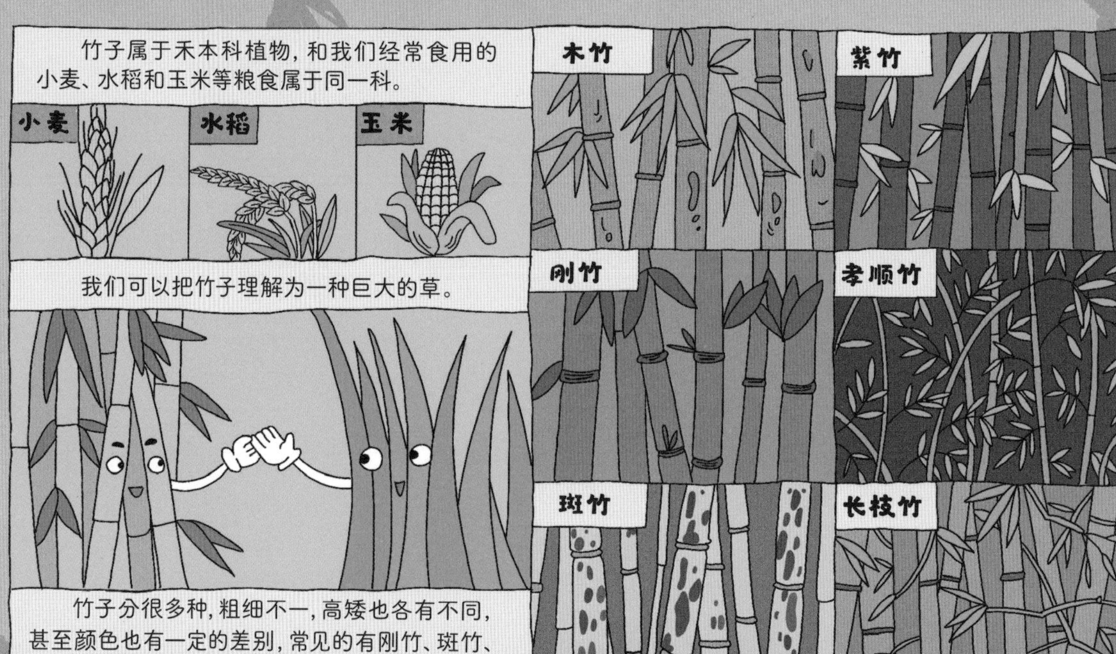

竹子属于禾本科植物，和我们经常食用的小麦、水稻和玉米等粮食属于同一科。
小麦
水稻
玉米
我们可以把竹子理解为一种巨大的草。
竹子分很多种，粗细不一，高矮也各有不同，甚至颜色也有一定的差别，常见的有刚竹、斑竹、紫竹等。大熊猫不是所有竹子都吃，主要取食铅笔粗细的箭竹和擀面杖粗细的木竹。
木竹
紫竹
刚竹
孝顺竹
斑竹
长枝竹

唐唐在吃竹子，别看它圆滚滚的样子很可爱，其实它的牙齿非常厉害，甚至能嚼动铁！

因为大熊猫的代谢可以维持在非常低的水平，所以我们经常看见大熊猫一吃完就躺着不动。

吃完竹子，又到了唐唐的睡觉时间。
京京见到唐唐时，唐唐正懒洋洋地躺在地上，嘴里还咬着一根竹子。
不过奇怪的是，看到京京，唐唐竟然捧着肚子叹起气来，
原来它是想念很久没见的兄弟了。

唐唐，你怎么了？为什么不开心呀？

唉……

我想我在陕西和甘肃的兄弟了。我们住得太远，已经很久没有见过面了。
说说看吧。

原来你在陕西和甘肃也有兄弟啊！别难过，我陪你一起去探望你的兄弟！
哈哈！

太好啦！谢谢京京！
哇！

不客气！

出发喽！
跋山涉水
?
找到了！
找到了？
!
你一点儿都没变样！不知道在甘肃的兄弟有没有变样。
唐唐，你兄弟的脸怎么比你的还圆啊？
哟，好久不见呀唐唐，我也来啦！我的脸还是和以前一样，棱角分明，很帅气哟！
甘肃亲戚
陕西亲戚（秦岭大熊猫）
大熊猫们的区别
偏长的头部
黑白分明的毛色
四川大熊猫
秦岭大熊猫
身体
进化
分布
头部
秦岭大熊猫身长1.2米至1.8米，而四川大熊猫则体形稍小。
四川大熊猫毛发黑白分明，秦岭大熊猫的胸腹部毛发呈深棕色偶尔还会有棕色型的个体出现。
相较于秦岭大熊猫，四川大熊猫的遗传基因和祖先相差更大。
四川大熊猫头部比较大，头形偏长，长得更像熊。
秦岭大熊猫头部浑圆，长得更像猫。
四川大熊猫数量较多，分布于四川和甘肃一带，秦岭大熊猫主要分布于陕西，数量较少，发现较晚。
胸腹部毛色多为棕色
浑圆的头部

路线三

川金丝猴、羚牛、朱鹮和大熊猫是大名鼎鼎的秦岭四宝；它们的宝宝，就是秦岭四小宝。

羚牛是一种生活在亚高山森林里的动物，体格强健。有意思的是，羚牛与羊的亲缘关系更接近，因此它的别名“扭角羚”其实更为精确。

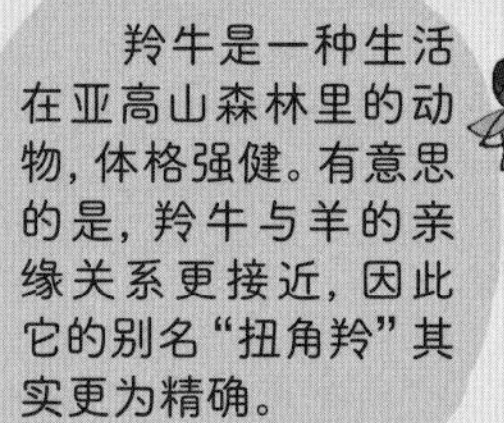

羚牛

咩！
是我家亲戚。
哞！你名字里带“牛”！

朱鹮
秦岭四宝
大熊猫

朱鹮刚被发现时，野生种群只剩下7只，现在数量已经恢复到5000只以上。

川金丝猴是毛色最为鲜艳的金丝猴。除了大熊猫国家公园以外，神农架国家公园等地也有它们的身影。

熊猫为食肉目熊科动物，与亚洲黑熊亲缘关系最近。

川金丝猴

难得你来，要不要来我家玩儿？
还是来我家吧！
去我家吧！
我家才最好玩儿！

我家在悬崖上，可以看到很棒的风景！

好高好高的悬崖

嘿！
等等我们！
出发！就去你家吧！

四小宝邀请京京去家里做客。最强壮的羚牛，先把大家拉到了它家。它住在高高的悬崖上，那里有它的一大群兄弟姐妹。

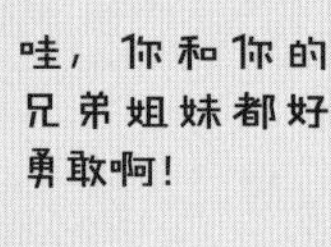

哇，你和你的兄弟姐妹都好勇敢啊！

当然，和我一样属于羊亚科的鬣羚和斑羚，虽然个子比我小，但也能住在高海拔地区。

我们可是很亲很亲的亲戚呢！你也可以叫我扭角羚。
原来你和羊也是亲戚呀？

哇，那边是……

京京你看，那边是我家！我家在栎树上，那里有我的家人们。
栎树

好了好了，该一起下山去我家玩了吧！

我们川金丝猴的毛色可是金丝猴里最鲜艳、最漂亮的哟！而且我家也很漂亮！

京京快看，这里有好多红豆杉。
哇！
快看！
好漂亮！
这是独叶草。
真可爱！

红豆杉
红豆杉是一种古老的植物，从中可以提取抗癌药物紫杉醇。
独叶草
独叶草是一种只有一片叶子的小草，样子十分独特。
珙桐又叫鸽子树。每年春季开花的时候，树上仿佛站满了白色的鸽子。
珙桐
川金丝猴家的周围有这么多好看的植物，还有许多小动物做邻居，真是太棒了！
林麝
林麝极为胆小敏感。它分泌的麝香十分珍贵，它曾因此遭到严重的盗猎。
豹
豹是大熊猫国家公园内最大的掠食动物，但是数量很少。
中华斑羚
中华斑羚是一种十分灵巧的食草动物，体形跟羊差不多大。
中华鬣羚
中华鬣羚俗称“四不像”，因为它的角像鹿，头像羊，蹄像牛，尾像驴。

在茂密的树林里安家真棒呀！
啊！
你们看！我的鸽子朋友们正站在树上等我！
……
哎呀，京京，你再仔细看看，那些可不是你的鸽子朋友……
咦？
竟然是白花，这就是鸽子树珙桐呀！

在这里你可要睁大眼睛哟，不然金钱豹会把你吃掉的。
啊——
哈哈哈，京京真是胆小鬼！
我错了，京京！
京京吓坏了，但不是因为川金丝猴的玩笑，而是因为它看见路边有一只可怕的亚洲黑熊，正在张开大嘴……
?
我们走啦！
下次见！
再见！
拜拜！
然而黑熊只是捧着树叶，津津有味地吃了起来。虚惊一场！

大熊猫国家公园路线全通关！
京京完成了自己的探险任务，正在通知它的鸽子伙伴。
大熊猫国家公园里的朋友们都听到了它的声音！
轮到我了！
朱鹮
红豆杉
四川蒿草
川金丝猴
我回来了！
水杉
川滇高山栎
箭竹
林麝
大熊猫
中华秋沙鸭
蓝马鸡
红腹锦鸡
绿鹭
豹
我回来了！
斑尾榛鸡
高山杜鹃
岩羊
羚牛

珙桐
金雕
白尾海雕
白桦
黑颈鹤
冷杉
任务完成！
中华鬣羚
中华斑羚
青冈
云豹
亚洲黑熊

三江源国家公园

鸽子档案

姓名
仁真

物种
雪鸽（*Columba leuconota*）

职业
旅行家

大家好，我是雪鸽仁真，爱吃爱玩爱旅行！

雪鸽夏天喜欢单独活动，但冬天一到，就会和同伴一起，在温暖的沟谷里过冬，在没被雪覆盖的高山草甸处觅食。

它们最爱的食物是草籽、草根和浆果。为了找到好吃的，雪鸽天刚亮就从家出发，在外面整整寻找一天，直到晚上才回家休息。

草根
草籽
浆果

三江源国家公园位于“世界屋脊”青藏高原的腹地，是海拔最高的国家公园。同时，它也是现有国家公园中最大的一个，面积超过 12 万平方千米。

顾名思义，三江源国家公园覆盖了三条江河，即长江、黄河和澜沧江的源头区域。因此，公园中有长江源、黄河源和澜沧江源三个园区。长江、黄河、澜沧江发源地所在的县城叫作治多、玛多和杂多。在藏语里，“多”就是源头的意思。

青藏高原的隆起

在 2.8 亿年前，现在的青藏高原还是横贯亚欧大陆南部的汪洋。

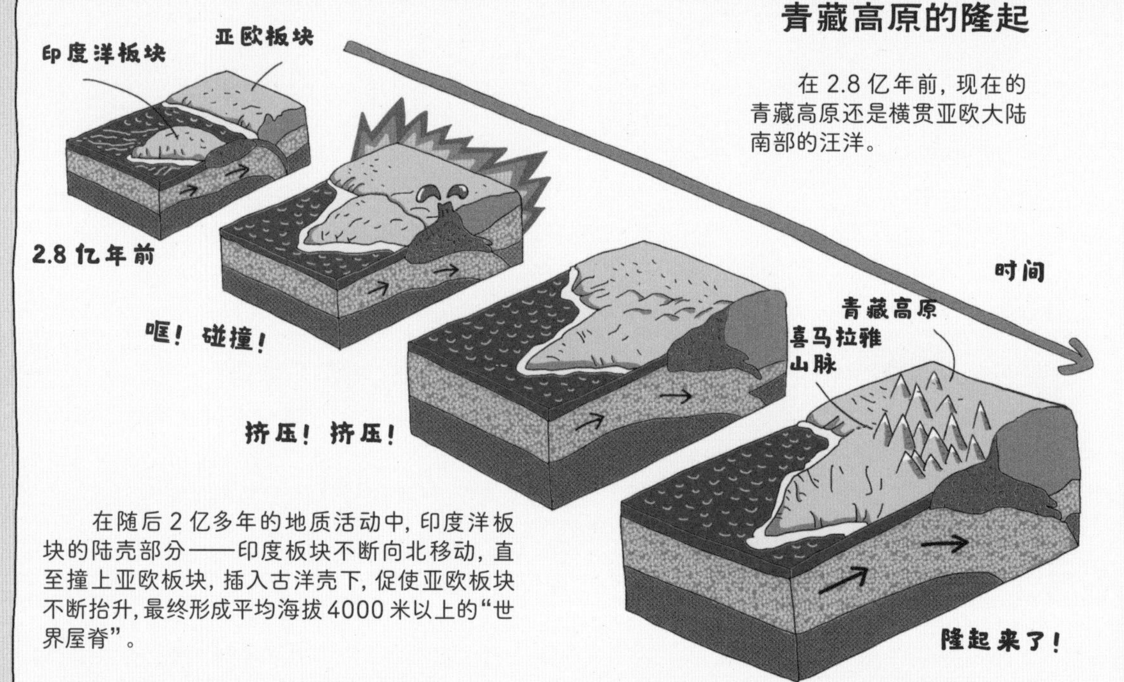

印度洋板块
亚欧板块
2.8 亿年前
哐！碰撞！
挤压！挤压！
时间
青藏高原
喜马拉雅山脉
隆起来了！

在随后 2 亿多年的地质活动中，印度洋板块的陆壳部分——印度板块不断向北移动，直至撞上亚欧板块，插入古洋壳下，促使亚欧板块不断抬升，最终形成平均海拔 4000 米以上的“世界屋脊”。

三江源国家公园平面示意图

总面积：约 123100 平方千米

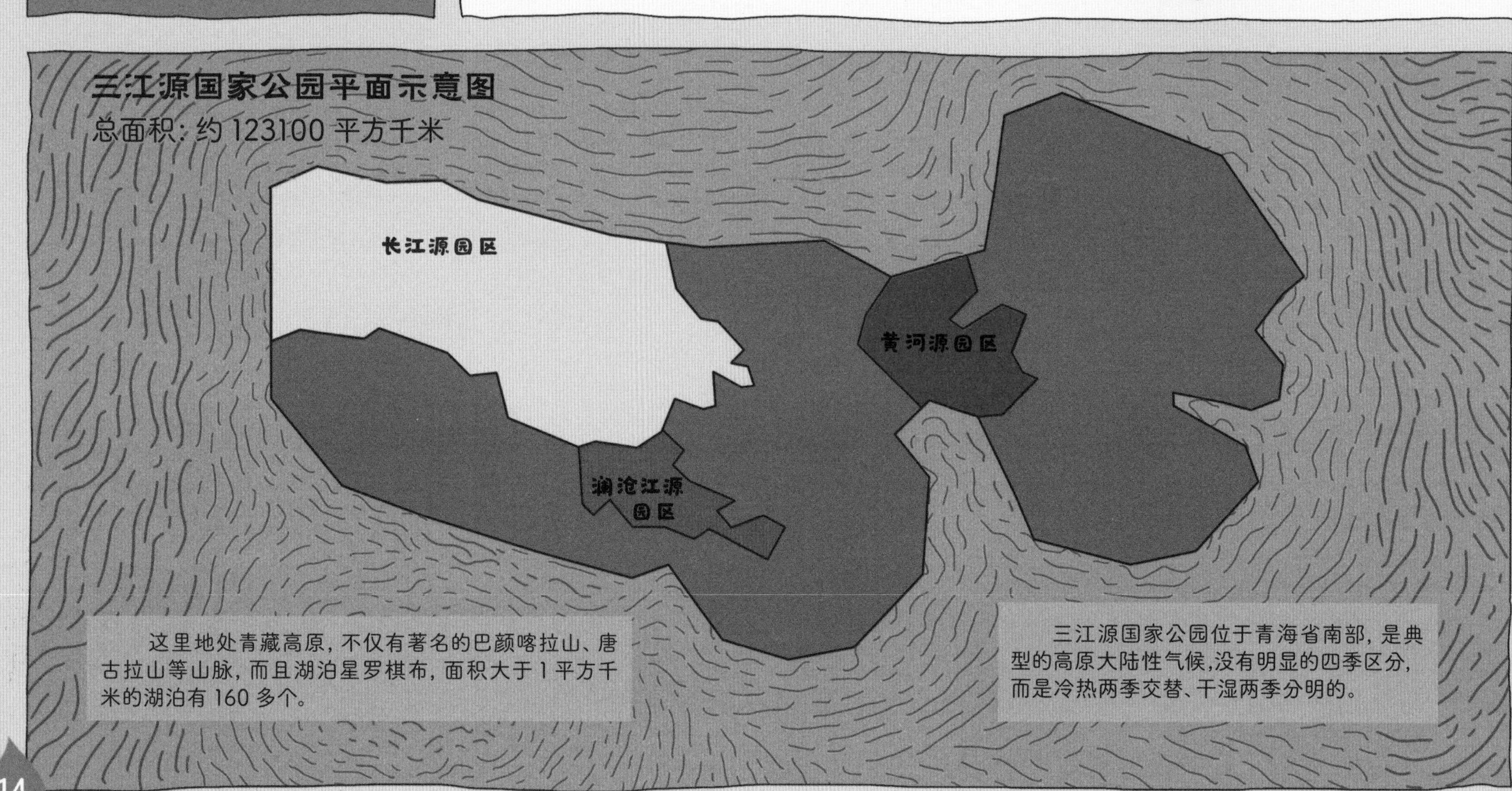

长江源园区
黄河源园区
澜沧江源园区

这里地处青藏高原，不仅有著名的巴颜喀拉山、唐古拉山等山脉，而且湖泊星罗棋布，面积大于 1 平方千米的湖泊有 160 多个。

三江源国家公园位于青海省南部，是典型的高原大陆性气候，没有明显的四季区分，而是冷热两季交替、干湿两季分明的。

清晨，当雪鸽们扑扇着翅膀纷纷出发觅食时，一只叫仁真的雪鸽却背着包袱，独自飞向了另一个方向。它有一个秘密任务——去三江源国家公园开发旅行路线！

路线一：前往野生动物天堂

路线二：前往“千湖”地区

路线三：穿越大峡谷

正当仁真不住张望时，一道矫健的身影让它眼前一亮——这不是高原上独一无二的藏羚羊吗？

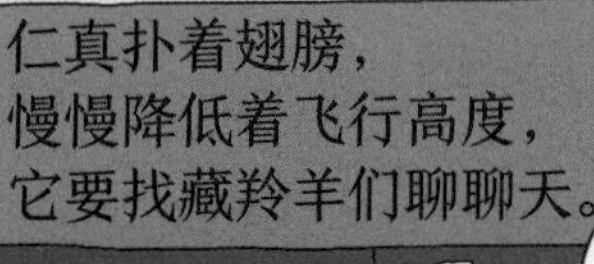

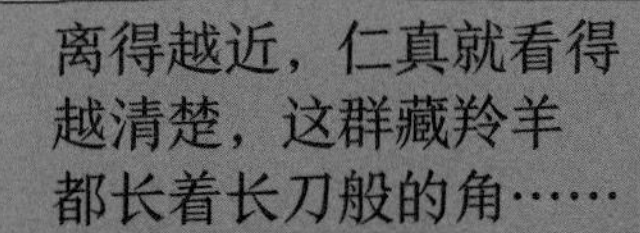

藏羚羊和藏原羚的家独具特色，
简直让仁真流连忘返！

独特的地理环境孕育了丰富的水资源，长江源园区内河流众多，纵横交错。楚玛尔河、沱沱河和通天河构成了长江源的主体框架。

路线二

仁真从星宿海出发，
顺流而下，他要去看看
黄河源园区美丽的湖泊。
扎陵湖
鄂陵湖
星宿海
玛多
鄂陵湖和扎陵湖是黄河源
头的“姊妹湖”，湖水清澈透明。

啊！
星罗棋布的湖泊群令仁真目不暇接，
它忘记拍动翅膀，差点儿从天上掉下来。

飞着飞着，仁真还看到好多分分合合的河流，
就像女孩儿的长辫子一样好看。

但没等停下来仔细欣赏，仁真就被狂奔的藏野驴吸引了。

你们好呀！
啊，又有新朋友了。

欢迎！

美丽的湖泊里，
为什么水都是冰
冰凉凉的呀？

原来如此！

高原湖泊主要的水源是冰雪融水，因此温度很低。因为杂质少，所以透明度非常高，就像水晶一样美。

忘了自我介绍了，我们藏野驴是家驴的亲戚，喜欢成群结队出行、相互追逐，哪怕遇到路过的车辆也要一较高低。

一辆汽车开过，
藏野驴一下子兴奋起来！

哈哈哈

再一看，藏野驴已经
跟在汽车后面奔跑啦！

哟！

远处，红耳鼠兔放开嗓子“歌唱”，
仿佛在给藏野驴加油助威。
但仁真注意到，鼠兔们的身后、
亮起了一双双“饥饿”的眼睛……

藏狐

红耳鼠兔夏天会长出红棕色的毛，冬天则除了耳朵外全身灰色。它们喜欢啼叫，因此也被称为啼兔。

除了草原上嬉戏的
动物，还有好多
水鸟在湿地里生活。
仁真想凑近看看，
于是扑扑翅膀，
落在扎陵湖畔。

鸽太累了。

天在水里？

清澈的湖水映着天空，
仁真看入了迷，把
天空和湖面都弄反了。

冰凉的湖水把仁真
冻了个激灵，好险呀！

在扎陵湖畔玩了会儿，
仁真发现许多鸟儿都飞向
东边的鄂陵湖，休息够了
的仁真也打算去看看。

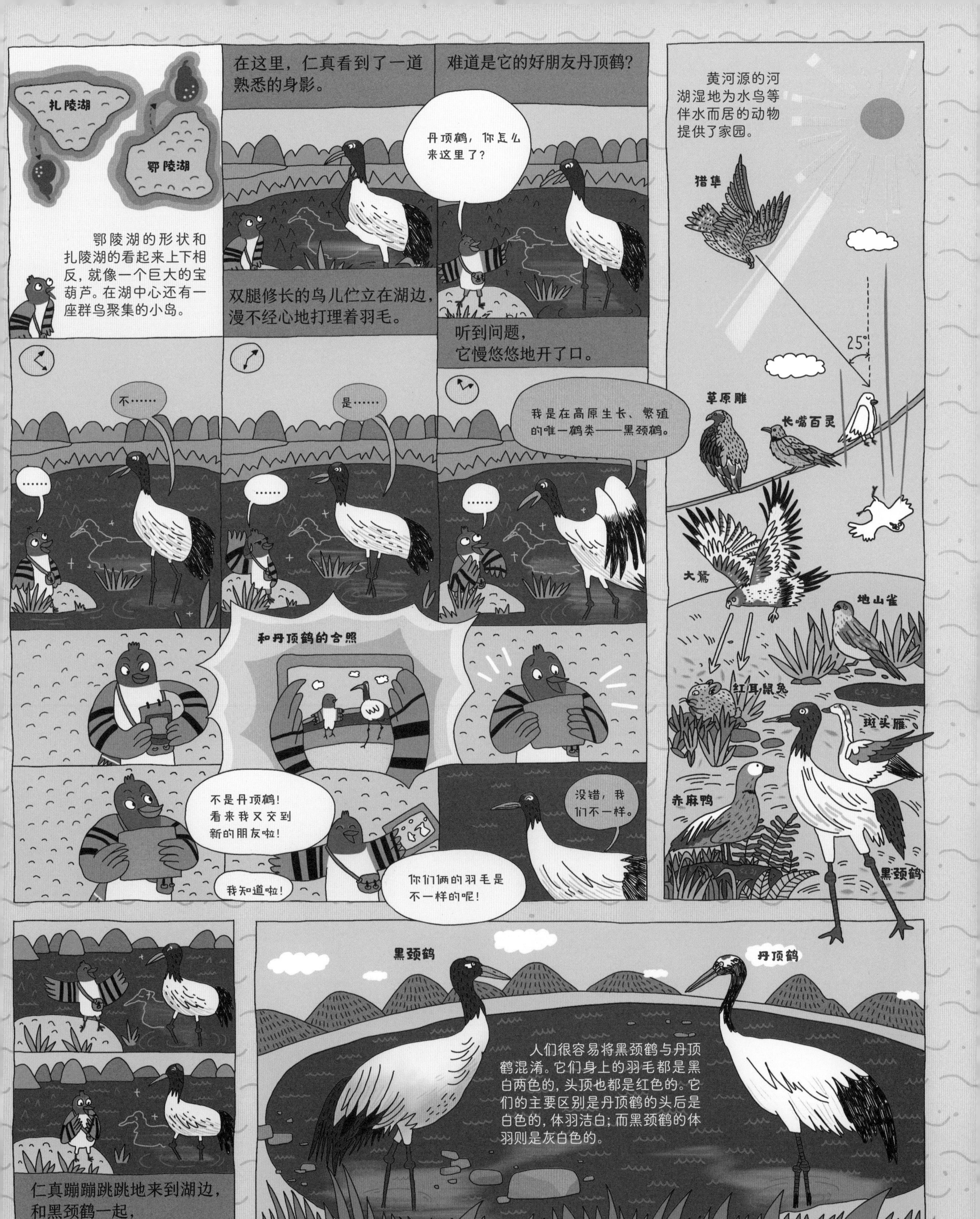
扎陵湖
鄂陵湖
鄂陵湖的形状和扎陵湖的看起来上下相反，就像一个巨大的宝葫芦。在湖中心还有一座群鸟聚集的小岛。
在这里，仁真看到了一道熟悉的身影。
双腿修长的鸟儿伫立在湖边，漫不经心地打理着羽毛。
难道是它的好朋友丹顶鹤？
丹顶鹤，你怎么来这里了？
听到问题，它慢悠悠地开了口。
……
不……
……
是……
……
我是在高原生长、繁殖的唯一鹤类——黑颈鹤。
和丹顶鹤的合照
不是丹顶鹤！看来我又交到新的朋友啦！
我知道啦！
没错，我们不一样。
你们俩的羽毛是不一样的呢！
黄河源的河湖湿地为水鸟等伴水而居的动物提供了家园。
猎隼
25°
草原雕
长嘴百灵
大鵟
地山雀
红耳鼠兔
斑头雁
赤麻鸭
黑颈鹤
仁真蹦蹦跳跳地来到湖边，和黑颈鹤一起，精心打扮了起来。
黑颈鹤
丹顶鹤
人们很容易将黑颈鹤与丹顶鹤混淆。它们身上的羽毛都是黑白两色的，头顶也都是红色的。它们的主要区别是丹顶鹤的头后是白色的，体羽洁白；而黑颈鹤的体羽则是灰白色的。

路线三

很早之前，仁真在书中看到过昂赛大峡谷，那里有壮观的丹霞地貌、森林和雪山。

澜沧江

哇！
可真美呀！
天啊！
昂赛大峡谷
澜沧江

等不及去看看了呢！
攻略

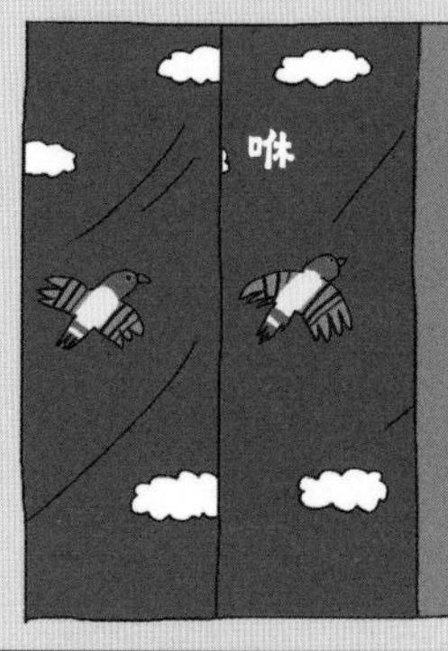

咻

昂赛大峡谷就在澜沧江源园区。怀着期待又紧张的心情，仁真飞向澜沧江源园区。

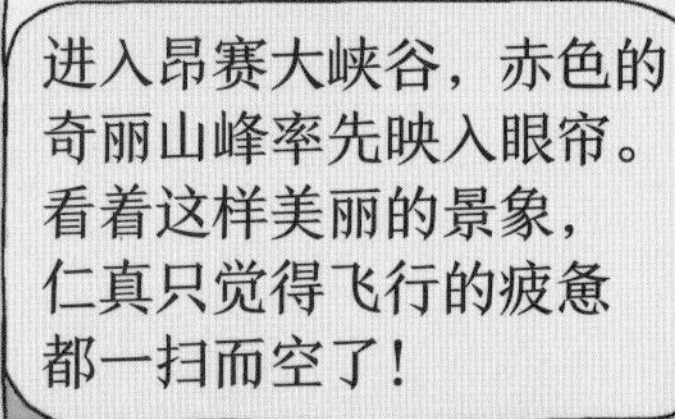

进入昂赛大峡谷，赤色的奇丽山峰率先映入眼帘。看着这样美丽的景象，仁真只觉得飞行的疲惫都一扫而空了！

这些山峰不但颜色美丽，形状更是千姿百态，有平顶的方山、陡峭的石峰和石柱……森林和草原就点缀于这些奇丽的山峰之中。

白马鸡

蓝马鸡

草地上，仁真时不时能看见蓝马鸡、白马鸡等小动物在散步。

在林间，还栖息着很多仁真认识的朋友。

岩羊

藏原羚

藏野驴

野牦牛

雪豹皮毛的灰白色与裸岩十分接近，让它几乎与裸岩融为一体，也难怪仁真看不清了。还没等仁真跟它打招呼，雪豹跳跃几下，灵活地从小径离开了。仁真呆呆地留在原地，还在为刚刚的惊鸿一瞥震撼不已。

忽然，一道灰白色的身影一闪而过，快得让仁真以为是自己出现了幻觉，直到那道身影再次出现，在裸岩上灵活地跳跃，仁真才发现，这竟然是雪山之王——雪豹！

?!

那是什么？

雪豹

小贴士：

高山兀鹫以腐尸为食，是青藏高原的清洁工，在维持高原洁净方面具有重要的生态价值。

往上看，高山兀鹫在高空盘旋，漆黑的眼中射出冷冷的光。

高山兀鹫

仁真在昂赛大峡谷玩得不亦乐乎，独特的高原丹霞地貌让它流连忘返。天渐渐黑了，离开的时间也到了，仁真潇洒地挥别了朋友们。它相信在今晚的梦里，大家还能再见！

下次我再来！

拜拜！

再见啦，仁真！

昂赛丹霞地貌的形成

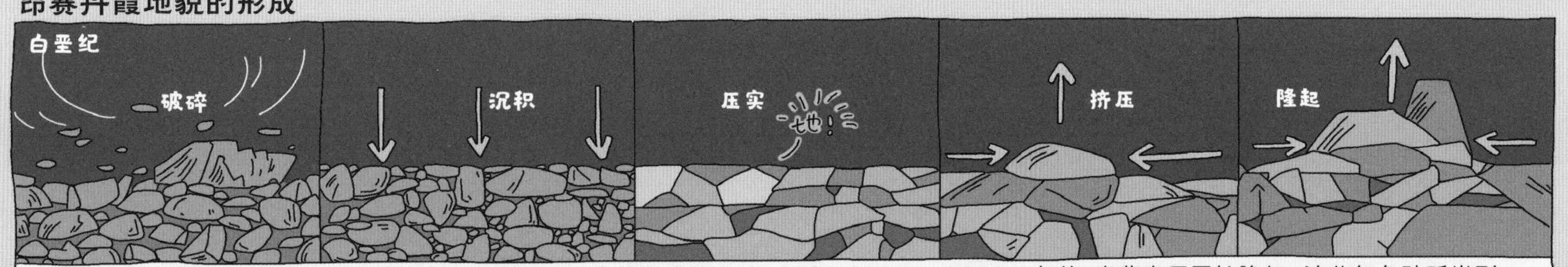
白垩纪
破碎
沉积
压实
嘿!
挤压
隆起

白垩纪时期，昂赛红色的岩石碎屑被沉积压实，变成坚实的土地。距今 6000 万—5000 万年前，青藏高原开始隆起，这些红色砂砾岩形成的地层在挤压中被抬升，重新露出地面。在经过流水侵蚀和风化作用之后，如今的丹霞地貌形成了。

越来越
高啦!

澜沧江源园区

鸟类

长嘴百灵
小云雀

高山兀鹫
大鵟

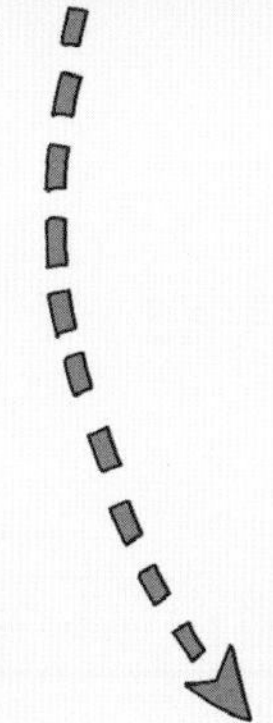

鱼类

光唇裂腹鱼
澜沧江裂腹鱼

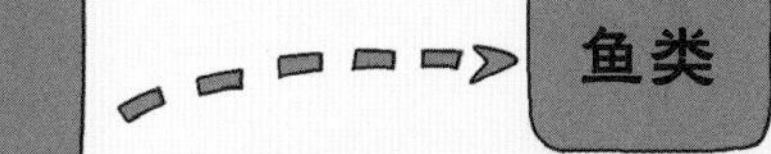

兽类

岩羊

岩羊主要分布在中国的西北地区和青藏高原地区。它们的毛色以褐灰色为主，十分像岩石。雄性岩羊的角粗大而弯曲，雌性的角则比较短小。

雪豹

雪豹是雪山之王，是青藏高原最著名的食肉动物，也是我国数量最多的大型猫科动物，能在裸岩地带追逐捕捉岩羊，身手十分敏捷。

旱獭

旱獭是啮齿类动物，是老鼠的远亲。它们在冬天会冬眠。虽然旱獭很可爱，但是它会传播鼠疫等疾病，人类不能与它们亲密接触。

夕阳西下，
结束了辛苦工作的仁真离开了三江源国家公园，
它认识的新朋友们在山野间与它静静告别，
期待着下一次相见！
咦，接下来轮到哪只鸽子出动了？
怎么一点儿动静都没有……
祁连圆柏
藏野驴
藏原羚
山杨
岩羊
掌叶大黄
斑头雁
盘羊
展苞灯芯草
红耳鼠兔
棕头鸥
藏羚羊
偏花报春
川西凤仙花
赤麻鸭
藏狐

高山兀鹫
棕熊
草原雕
雪豹
赤狐
青海云杉
白唇鹿
垂果大蒜芥
黑褐穗薹草
爪瓣虎耳草
青海当归
狼
野牦牛
白马鸡
蓝马鸡

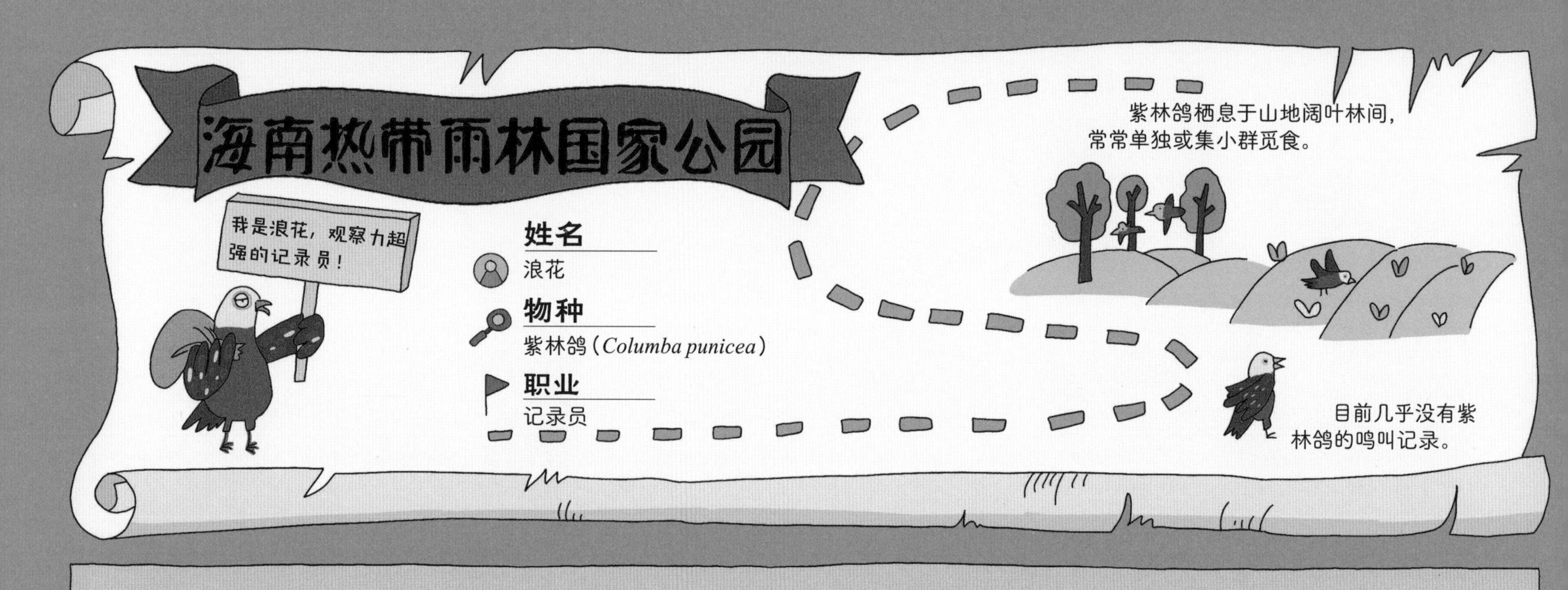
海南热带雨林国家公园
我是浪花，观察力超强的记录员！
姓名
浪花
物种
紫林鸽（*Columba punicea*）
职业
记录员
紫林鸽栖息于山地阔叶林间，常常单独或集小群觅食。
目前几乎没有紫林鸽的鸣叫记录。

公园信息

海南热带雨林国家公园位于我国海南岛中南部的穹窿构造山区。以五指山—鹦哥岭中部山地为高点，山势蜿蜒，层峦叠嶂，海拔从中心向外围逐级下降。同时，这里处于亚洲热带的北缘，属于典型的热带海洋性季风气候。日照充足而稳定，降水丰沛，但有明显的干湿两季。

这样的地势和气候条件造就了岛屿型热带雨林的典型代表——在海南热带雨林国家公园，有我国分布最集中、连片面积最大的热带雨林，拥有非常丰富的物种类型。

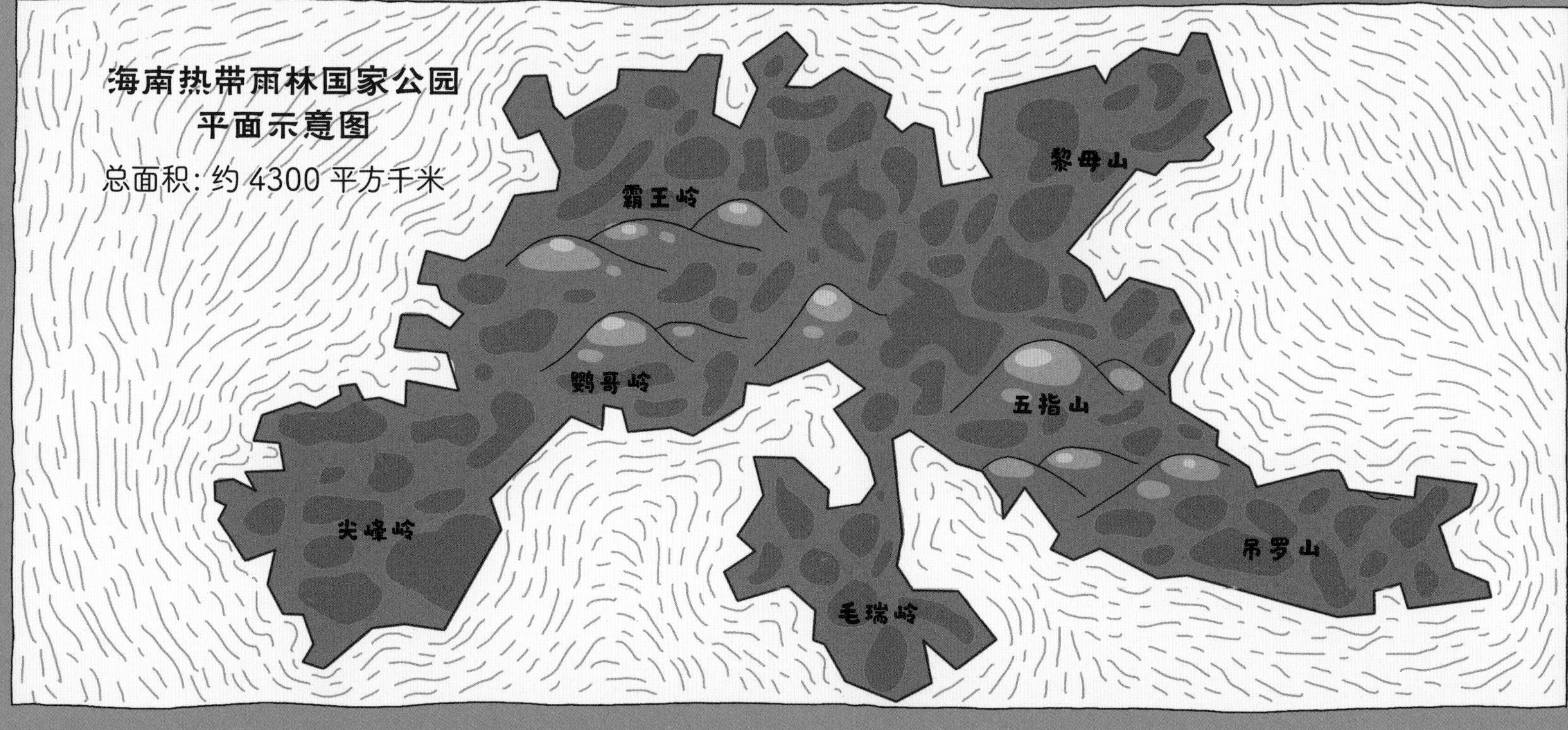
海南热带雨林国家公园
平面示意图
总面积：约 4300 平方千米
霸王岭
黎母山
鹦哥岭
五指山
尖峰岭
吊罗山
毛瑞岭

从低海拔至高海拔分布着热带低地雨林、热带山地雨林和高山云雾林等不同类型的森林。
海拔
高山云雾林
热带山地雨林
热带低地雨林

加油呀！

紫林鸽浪花紧张地扭扭脑袋，又拍拍包裹。对它来说，这场海南热带雨林国家公园之行可不容易呢！
性格害羞的浪花要来这里完成访友任务，并记录下相处的珍贵时刻。它默默规划好自己的访友路线，马上就要出发啦！

路线一：我的“热血”好友们
大家一起热血起来吧！
海南长臂猿
海南孔雀雉
坡鹿
红原鸡
海南山鹧鸪

路线二：我的“冷血”好友们
鹦哥岭树蛙
三线闭壳龟
锯缘闭壳龟
四眼斑水龟
霸王岭睑虎
海南睑虎

路线三：我“不会说话”的好友们
槟榔
望天树
椰子
橡胶树
榼藤

路线一

森林里，一处平坦的空地上，
一大群动物正聚集在一起。
凑热闹的浪花赶紧飞了过来。
没想到一下子就飞到了
舞台中央……

一阵高亢洪亮的鸣叫声
在浪花耳边炸响。

原来长臂猿一家正在舞台上表演合唱呢！

好热闹……

有点儿吵……

浪花被围在中间，
十分害羞。
它连忙捂住耳朵，
赶快飞离了舞台，
这才喘了口气，
回头看向台上的演出。

3 只长臂猿依靠手臂挂在树上，嘹亮的歌声引得小动物们齐齐鼓掌。

浪花没想到的是，长臂猿一家各自有着不同的毛色，
猿爸爸是黑色的，猿妈妈是金色的，
而眼睛滴溜溜打转的猿宝宝，则是漂亮的金黄色的。

海南长臂猿……

海南长臂猿 搜索

海南长臂猿仅分布于中国海南岛，生活在海南热带雨林国家公园的霸王岭片区。雄猿通体黑色，头顶有短而直立的毛发；而雌猿则全身金黄，头顶有黑色的冠斑。长臂猿有一双长臂，依靠它们在高高的树上悠荡着“行走”。

每天清晨，长臂猿都会发出高亢洪亮的鸣叫声，来宣示它们的领地。

浪花掏出一个小本子，
写下：“真好听！”
它把本子举过头顶，
还左右晃了起来。
不过，细看的话，
会发现几个被划掉
的小字……

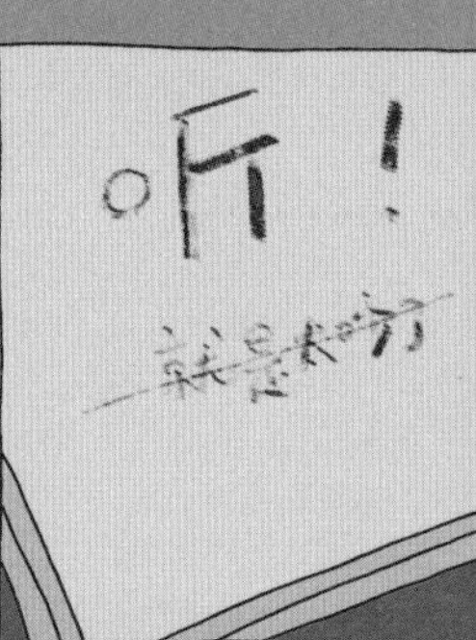

一曲唱罢，长臂猿一家向观众优雅地行了个礼，
然后长臂一晃，直接跃入了观众席。

这下长臂猿一家可把
浪花挡得严严实实。
浪花连忙拍拍翅膀，
落在旁边坡鹿的
弓形鹿角上。

坡鹿也不生气，它晃晃弯角，和浪花打招呼。浪花在本子上画出爱心，有些害羞地递给坡鹿。

真让我不好意思呀！

一鸟一鹿正要聊起来，却被舞台上的喧哗声瞬间吸引了。
啊

表演走秀的鸟儿们入场啦！打头阵的是长着羽冠、披着华丽羽毛的海南孔雀雉。

浪花见状，立刻奋笔疾书起来。

还没等它写完，一群海南山鹧鸪就迫不及待地出场了。
紧接着，红原鸡也踱着步子出现了……

鸟儿们热情又活泼，展示了漂亮的羽毛后，它们在空中跳起舞来。

太好看了！得赶紧记下来！

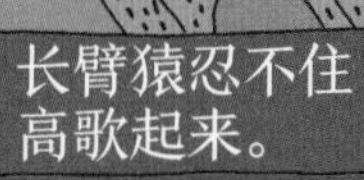

长臂猿忍不住高歌起来。

鸟儿们也应和着发出优美的鸣叫。

别忙活啦！
啊
浪花被拽得本子都飞上天了，只得满面通红地加入了大家。
不如和我们一起跳舞吧！
好漂亮的羽毛和羽冠！海南山鹧鸪的围脖颜色真好看……哇！红原鸡的羽毛也好漂亮，它们跳舞也很厉害……哎哟，怎么突然开始唱歌了？咦，孔雀雉是想拉我上去一起吗？等一下——啊——

海南长臂猿

海南长臂猿是海南热带雨林最具代表性的动物。长臂猿不是猴子，属于猿类，它们没有尾巴，与人类更为接近。

坡鹿

坡鹿是海南特有的动物。它们喜爱群居，在森林边缘相对平坦的草地上生活，不仅跑得快，听力和嗅觉也很敏锐。

海南山鹧鸪

海南山鹧鸪是海南特有的鸟类。它们上胸部长着鲜亮的橙红色羽毛，就像系着一条小丝巾。和独居或成对活动的海南孔雀雉不同，海南山鹧鸪经常结成4~5只的小群活动。

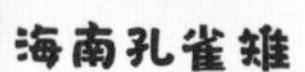

海南孔雀雉

海南孔雀雉并不是孔雀，但也十分美丽。雌雉和雄雉都生有漂亮的蓝紫色眼状斑，在阳光下熠熠生辉。雄雉的毛色更为靓丽，头上还长着冠羽。

红原鸡

红原鸡是现代家鸡的祖先，羽毛颜色十分好看，以种子和昆虫为食。

路线二
水潭边，浪花浑身颤抖，和一只瞪圆双眼的鹦哥岭树蛙对峙着。寂静的雨林中，寒意阵阵，两只小动物都一动不动……
浪……浪花？
咦？这声音好熟悉啊，像是一位老朋友的？
可是……
终于，树蛙慢吞吞地开口，打破了紧张的气氛。
树蛙酷酷的脸上露出了笑容，它主动向浪花解释。
我们上次见面，是在晚上对不对？
我的体色会变化，晚上是浅绿色，白天是暗绿色。
原来是这样。浪花不好意思地红了脸。它转过头，刚想摸出小包袱里装的本子，就被身后围拢过来的闭壳龟们吓了一跳。
!
难怪不一样了！
哎哟！吓我一跳！
别害怕，我们听说你是树蛙的朋友，5天前就动身出门来看你了。
你好呀！
虽然我不善交际，但我也想交朋友。
有了！
要不我来给大家画画像吧！
好！
太好啦！
要不我来给大家画画像吧！
要不先打扮一下？
把我们也一起画进去吧！
锯缘闭壳龟驾到！
!
我是四眼斑水龟！
几道声音从角落响起来，藏在一旁的四眼斑水龟和锯缘闭壳龟也要加入大家。
忙活了半天，浪花终于画完了画像。
画得真棒！
不客气。
这对艺术家来说是小事一桩！
旷世之作！
艺术家要继续出发喽！
这是我们友谊的见证！
浪花，你知道吗？“冷血”朋友们虽然看起来凶巴巴的，话也很少，但其实内心都很热情。
哦？
生活在沙石环境中的霸王岭睑虎也是这样的一位朋友。
邀请函
接下来去霸王岭睑虎家做客。
应该……到了吧？
又来！
白蚁！
今天受到两次惊吓了！
浪花飞快地逃走，一旁的海南睑虎探出头来。
哇，真羡慕你的白蚁大餐！但这只外地鸽胆子还真小啊！
可是我不吃虫子啊 呜呜呜
霸王岭睑虎连忙把白蚁大餐藏到一边，与浪花交谈起来。
这是你画的吗？难道……你是一位……大艺术家?!
! !
啊！
还来！
圆鼻巨蜥悄无声息地从树上爬下来……浪花又吓了一跳！但这次它很快调整好心情，继续速写。

浪花的速写本

圆鼻巨蜥

圆鼻巨蜥是一种大型蜥蜴，成年后体长1~2米，民间俗称“五爪金龙”。它们既会爬树，也能游泳，会捕食鱼、蛙、鸟和小型兽类等。

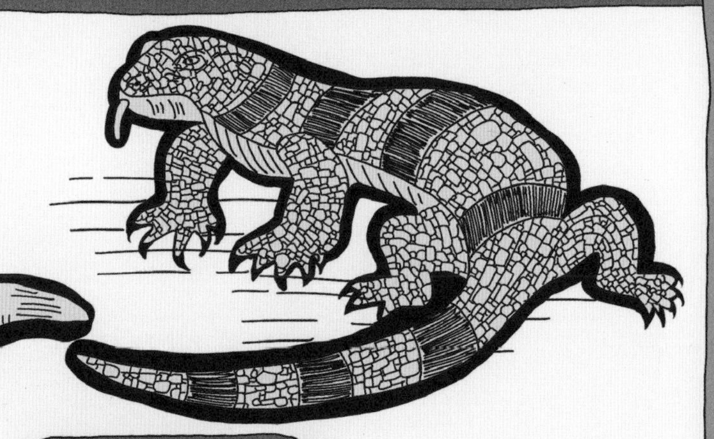

鹦哥岭树蛙

鹦哥岭树蛙是2007年才被科学界确认的蛙类，它们仅生活在海南热带雨林国家公园鹦哥岭高海拔的季节性水潭周围。它们的肤色是翡翠一般的绿色，更奇妙的是，它们的背部白天呈暗绿色，夜间则变为浅绿色。

海南睑虎

睑虎喜欢阴冷潮湿的环境，夜行，以昆虫为食。海南睑虎是我国特有的物种，身体粉紫色，分布于我国海南省喀斯特地貌、热带雨林或季雨林的潮湿地面。

霸王岭睑虎

睑虎，顾名思义，就是有眼睑的壁虎。霸王岭睑虎是在海南岛被发现的特有物种，目前只分布在霸王岭等区域海拔500~800米的沙石和溶洞环境中，以白蚁为食。与海南睑虎相比，霸王岭睑虎身上有明显的斑点状花纹。

锯缘闭壳龟

锯缘闭壳龟生活于山区，多分布于丛林、灌木及小溪附近的陆地上，主要捕食各类无脊椎动物，偶尔也吃一些植物。

四眼斑水龟

四眼斑水龟喜栖息于山区、丘陵地带的坑潭、沟渠中，胆子很小。以各种水生昆虫为食，也吃小鱼小虾或小野果。

三线闭壳龟

三线闭壳龟生活在洁净的山溪中，它们所属的闭壳龟家族可以将龟壳完全闭合，而三线闭壳龟背甲上有三条纵向的黑线，因此得名。

路线三
出发！
浪花要去拜访它
“不会说话”的朋友们啦！
虽然浪花和植物好友
没办法交流，
但是它可以将大家
记录在自己的小本子里
好好珍藏。

浪花的植物调查

坡垒
海南粗榧
海南油杉
雨林中，浪花见到了好多独特的植物。
它时而东看西看，时而盯着本子，手里的笔快得都划出了残影。

这个让浪花停下脚步的植物叫作榼藤，
它是一种高大的藤本植物，
沿着参天大树攀缘而上，
就像回环缠绕的盘龙一样，
因此也被大家叫作“过江龙”。
高大粗壮的榼藤结出的果实也硕大无比。
种子
叶子
耶！
浪花小心翼翼地取了
一颗种子放进包里。
回去后，它要把种子
制成工艺品。

即使在长满高大乔木的
雨林中，
望天树也高得出类拔萃！
哇！
浪花对可以割取橡胶的
橡胶树也很感兴趣。
呀！
哇！
是浪花最喜欢的椰子！
全国一大半的椰子
都来自海南！
抱着圆溜溜的椰子，
浪花开心得不得了！
植物朋友记录
得差不多了，
浪花看了看高
大的望天树。
这一次，
它竭尽全力，
越飞越高，
终于飞到了
望天树顶端！

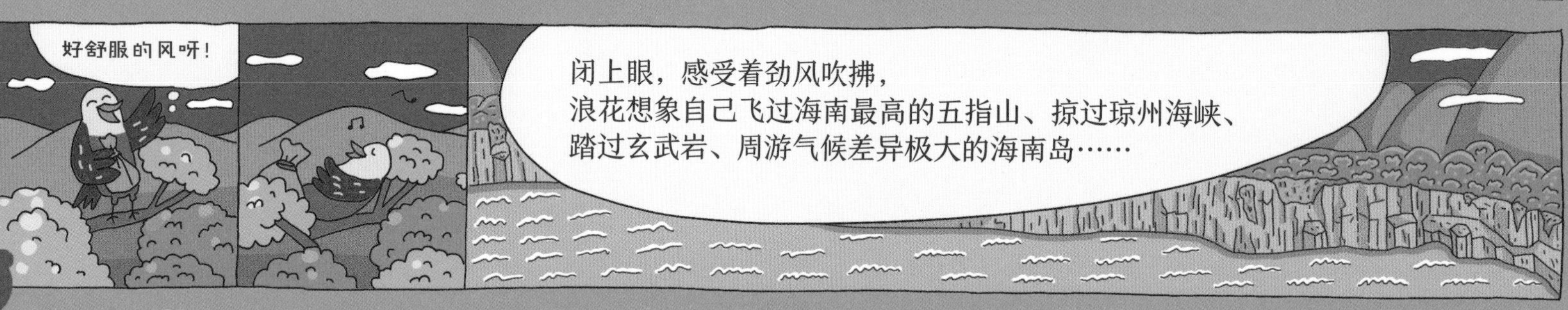
好舒服的风呀！
闭上眼，感受着劲风吹拂，
浪花想象自己飞过海南最高的五指山、掠过琼州海峡、
踏过玄武岩、周游气候差异极大的海南岛……

槟榔
槟榔是喜热、喜湿又喜阳的植物，树干又细又直。槟榔常散生于低山谷底、岭脚、坡麓和平原溪边，也会成片生长于富含腐殖质的沟谷、山坎和疏林内。
望天树
望天树是龙脑香科柳安属的高大乔木，树高40~60米，是热带雨林的标志性物种之一。
椰子
椰子主要分布在非洲、拉丁美洲和亚洲等地区。中国的海南省、云南省南部、广东省南部诸岛等热带地区都有种植。
橡胶树
橡胶树在海南多有种植，是一种高大乔木，树高可达30米。割开树干流出的胶乳可以制成天然橡胶，因此它也是一种典型的经济作物。
坡垒
坡垒也是龙脑香家族的高大乔木，可以长到20米高。坡垒一般生长在海拔700米左右的密林中，它被认为是热带雨林的代表性植物。
榼藤
榼藤又叫“过江龙”，是一种高大的豆科藤本植物，缠绕在参天大树之上。它们的果实硕大，种子非常漂亮，经常被雕刻成工艺品。
榕树
雨林中的很多树木会生长出气生根，榕树家族是其中最著名的代表。这些气生根不是从土壤中长出的，而是悬挂在半空中的，形成了独木成林的特殊景观。
认识了这么多植物后，浪花还记下了很多关于海南岛当地的民族文化、地理和气候特征的知识。
黎族服饰
黎族织锦
五指山
海南岛的鹦哥岭、霸王岭、尖峰岭和吊罗山也很漂亮。
小岛地貌
海南岛的气候东西南北差异较大，海南热带雨林国家公园主要位于琼中的山地湿润区。
黎族是生活在海南岛的少数民族。海南热带雨林国家公园内也有黎族聚落。黎族有艳丽的民族服饰、黎族织锦和船型屋建筑等，盛行图腾崇拜和自然崇拜。
船型屋
海南热带雨林国家公园的海拔最高处为五指山山顶，海拔为1867米，这也是海南岛的最高处。
玄武岩
琼州海峡

睁开眼，浪花又稳稳地落在了
美丽的海南热带雨林国家公园。
它与朋友们一起呼吸着湿润的空气，
享受这恬静的一刻。

小爪水獭
坡鹿
五指山
白鹇
猕猴
亚洲黑熊
海南长臂猿
圆鼻巨蜥

东北虎豹国家公园

全国各地都是我节目的灵感来源！
鸽子档案

姓名
岩岩

职业
节目制作人

物种
岩鸽（*Columba rupestris*）

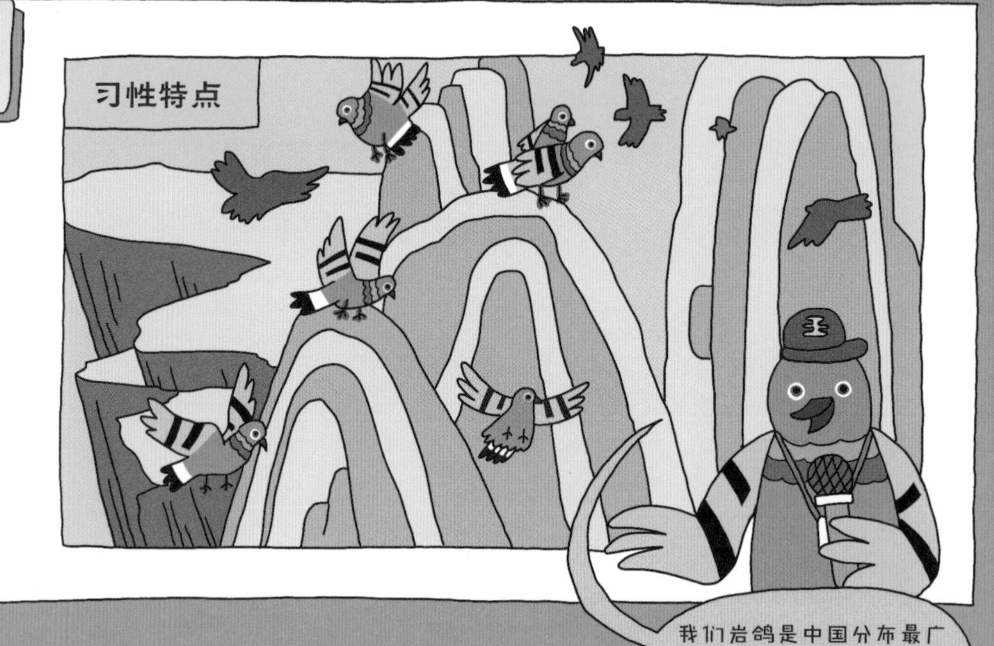
习性特点
我们岩鸽是中国分布最广的鸽类，几乎遍布整个北方地区。我们喜欢栖息于多岩石的高山或高原，见多识广的我们最擅长制作各种电视节目啦！

公园信息

俄罗斯
中国
朝鲜

东北虎豹国家公园是目前国家公园中唯一与邻国接壤的：南面与朝鲜隔图们江相望，东面则与俄罗斯的豹地国家公园接壤。中国绝大多数野生东北虎和东北豹都生活在这里，而且不时会跨境活动。

东北虎
东北豹

东北的冬天非常寒冷且漫长，最低温度可达-44.1℃，夏季短暂。年平均温度只有5℃。

东北虎、东北豹分别是虎、豹这两个物种下的亚种。

东北虎豹国家公园平面示意图

总面积：约 14000 平方千米

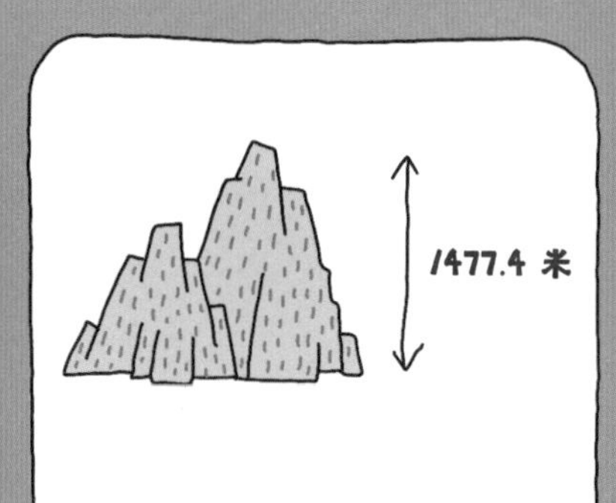
1477.4 米
<1000 米

东北虎豹国家公园位于吉林与黑龙江两省交界处，地处长白山支脉老爷岭的南部，最高海拔 1477.4 米。这里大部分山体的海拔在 1000 米以下，地势从中部向四周逐渐降低。

岩岩是一位资深节目制作人，东北虎豹国家公园的建立给了它很多灵感。现在它要以东北虎为主角制作一档有趣的电视节目。同时，它发现这里还有很多值得介绍的动植物，可以用来制作新节目！现在，它开心地来搜集资料啦！

路线一：制作电视节目《走近东北虎》

路线二：为下一档节目寻找灵感

路线一
直播
大家好，欢迎收看《走近东北虎》，我是记者岩岩。现在我们所在的位置是东北虎豹国家公园，镜头里的就是我们这次节目的主角——东北虎。
走近东北虎
记者：岩岩
节目制作人岩岩担任《走近东北虎》节目的记者。在节目正式开始之前，它为大家介绍了一些关于东北虎的小知识。
直播
600~800 平方千米
300~500 平方千米
东北虎豹国家公园中有大约 50 只东北虎，这一数字还在不断上涨。
东北虎是现存体形最大的虎类。为了寻找食物，它们需要的活动空间也很大，每只雄性东北虎平均需要 600~800 平方千米活动空间，而雌性需要 300~500 平方千米。
Привет！（你好！）那你们跟着我去捕猎吧！
东北虎，你好呀！我是岩岩，我和观众朋友们都很想了解你的一些生活习性。
出发！
大家都说你是百兽之王！你这么威风，得吃不少东西吧？
我平均一周捕猎一次。
哇，那一般你比较喜欢吃什么呢？
马鹿、梅花鹿、狍子之类的我都挺喜欢。
哈哈哈！
这么巧？其实前几天，我正好拜访了它们……
嗨！
吼……
马鹿
嗨！
梅花鹿
嗨！
狍
不过我和它们相处得一般，哈哈哈。
是吗？
不聊这个啦！对了，你怎么独自居住，你的家人呢？
我们都很独立，喜欢独自生活。
原来是这样！那如果你的猎物跑到树上，没有帮手不就没法围困它了吗？
我可以自己爬树去捉。虽然我很少爬树，但并不是不会。
原来你还是一个爬树高手……
?!!
岩岩和东北虎正聊着天，东北虎忽然像离弦的箭一样蹿了出去！
难道我们要拍到东北虎捕猎的珍贵画面了吗？！
因为东北虎很喜欢跟着野猪群溜达，所以人们也叫它“放猪倌”。
原来它是去“放猪”了啊。观众朋友们，下期再见！
走近东北虎
记者：岩岩
镜头一转，原来东北虎正跟在一群野猪后面自在地溜达呢！好吧，本期节目就到这里结束了……

东北虎最喜爱的食物是马鹿、梅花鹿和狍等有蹄动物，平均一周就要捕猎一次。只有猎物充足，才能供养得起百兽之王。

马鹿

马鹿体形非常大，肩高 110~130 厘米，体重 150~200 千克，虽然是鹿，但像马一样大。马鹿行动起来慢条斯理，非常优雅。雄鹿在求偶时会发出非常雄壮的吼叫声。

狍

狍体形较小，肩高 65~78 厘米，体重 20~40 千克。狍的好奇心可不小，经常在逃跑时停下来回头看看，因此被称为“傻狍子”。狍会发出狗吠一样的叫声。

梅花鹿

梅花鹿体形中等，肩高 70~95 厘米，体重 70~100 千克。很多种类的鹿小时候身上都有斑点，而梅花鹿即使成年之后白色斑点也不会褪去。雄鹿的鹿角是秋天争夺配偶时的角斗武器，一般每年都会脱落更新。春季刚长出的鹿角叫鹿茸，里面富含血管和神经，如果这个时候受伤，鹿就会感到疼痛。鹿角长大后，内部的血管和神经就消失了，这时候即使鹿角脱落或者受伤，鹿也不会感到疼痛。

同一种动物生活在彼此隔离的不同地区，形态上会产生一些差别，科学家据此把它们进一步划分为不同亚种。比如虎有东北虎、华南虎、孟加拉虎和苏门答腊虎等亚种。东北虎是其中体形最大的，成年雄虎体重一般约为 200 千克，体长可达 2 米以上。而现存体形最小的苏门答腊虎，平均体重只有约 120 千克。

东北虎体形最大，皮毛最厚、最耐寒。相比之下，苏门答腊虎的皮毛则薄得很。

路线二

岩岩在东北虎豹国家公园里发现了东北豹！

豹，或称花豹、金钱豹，是分布最广的猫科动物，在非洲、亚洲大陆的很多地方都有它们的身影。但东北豹亚种的情况却岌岌可危，据估计，野生东北豹可能仅余100只。

金钱豹身上的铜钱状斑纹让它具有“土豪”的气质。
有钱
和东北虎相比，东北豹在体形和力量上处于劣势，因此它们会尽量选择避开东北虎。

《走近东北虎》节目大获成功！为了制作新节目，除了东北豹，我还需要更多关于东北虎豹国家公园的资料。

制作一档电视节目可不容易，
岩岩跋山涉水，为节目收集资料。

岩岩左看看右拍拍，这里的森林和沼泽都很特别，
可以作为制作节目的绝佳素材！

苍鹭伸着长长的脖子，在沼泽地旁等鱼上钩。

!?
拍我！
拍我！
发现自己被拍，
苍鹭张大嘴巴对
着镜头打招呼！

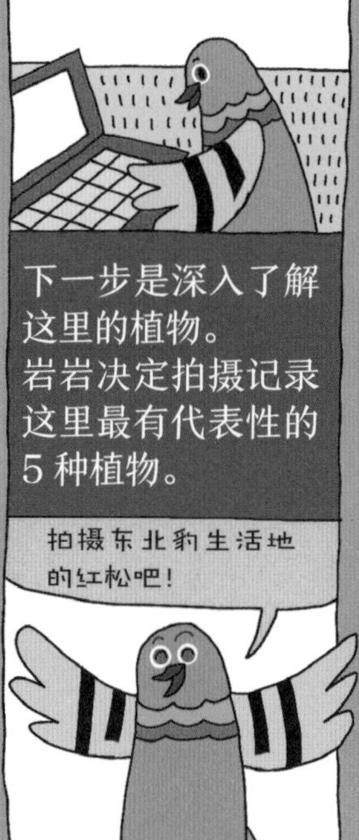
下一步是深入了解
这里的植物。
岩岩决定拍摄记录
这里最有代表性的
5种植物。
拍摄东北豹生活地的红松吧！

首先是高大的红松！
岩岩好不容易才拍下红松的
全貌。
红松

红松粗壮的树干需要几个人合抱才能围住。
红松会结出好吃的松子。
紫貂
松鼠
东北虎豹最喜欢的就是红松所在的针阔混交林。
松鼠和紫貂最喜欢的也是红松林。

MENU
其次是蒙古栎，
好多野猪围着它
打转呢！
蒙古栎是园区里分布甚广的一种橡树，东北人叫它“柞木”。野猪非常喜欢吃柞木底下的橡子。
蒙古栎
1/125
2.0
ISO600

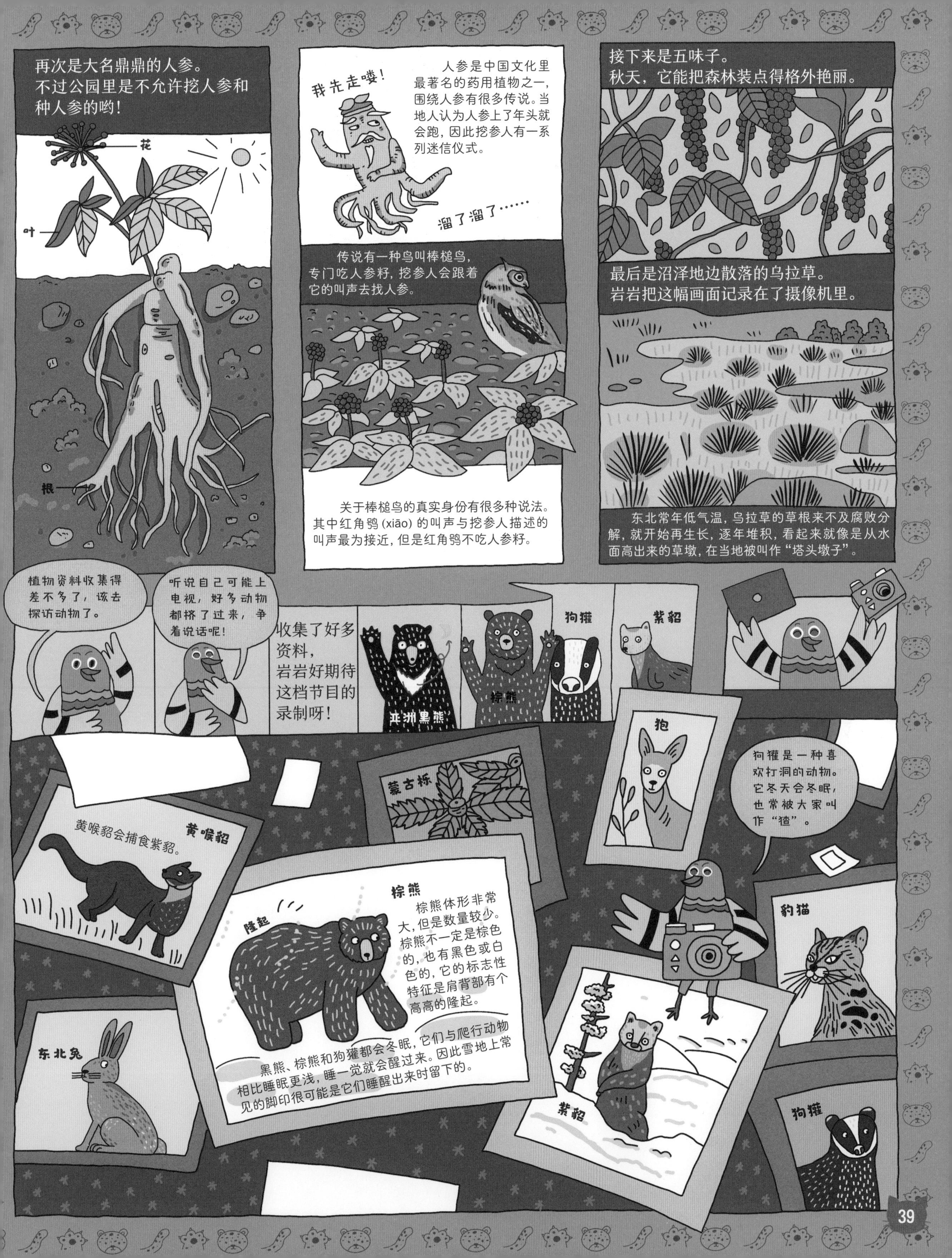

再次是大名鼎鼎的人参。
不过公园里是不允许挖人参和种人参的哟！
花
叶
根
我先走喽！
人参是中国文化里最著名的药用植物之一，围绕人参有很多传说。当地人认为人参上了年头就会跑，因此挖参人有一系列迷信仪式。
溜了溜了……
传说有一种鸟叫棒槌鸟，专门吃人参籽，挖参人会跟着它的叫声去找人参。
关于棒槌鸟的真实身份有很多种说法。其中红角鸮（xiāo）的叫声与挖参人描述的叫声最为接近，但是红角鸮不吃人参籽。
接下来是五味子。
秋天，它能把森林装点得格外艳丽。
最后是沼泽地边散落的乌拉草。
岩岩把这幅画面记录在了摄像机里。
东北常年低气温，乌拉草的草根来不及腐败分解，就开始再生长，逐年堆积，看起来就像是从水面高出来的草墩，在当地被叫作“塔头墩子”。
植物资料收集得差不多了，该去探访动物了。
听说自己可能上电视，好多动物都挤了过来，争着说话呢！
收集了好多资料，岩岩好期待这档节目的录制呀！
亚洲黑熊
棕熊
狗獾
紫貂
狍
蒙古栎
狗獾是一种喜欢打洞的动物。它冬天会冬眠，也常被大家叫作“猹”。
黄喉貂
黄喉貂会捕食紫貂。
棕熊
隆起
棕熊体形非常大，但是数量较少。棕熊不一定是棕色的，也有黑色或白色的，它的标志性特征是肩背部有个高高的隆起。
黑熊、棕熊和狗獾都会冬眠，它们与爬行动物相比睡眠更浅，睡一觉就会醒过来。因此雪地上常见的脚印很可能是它们睡醒出来时留下的。
东北兔
紫貂
豹猫
狗獾

梅花鹿
节目制作完成后，岩岩离开了东北虎豹国家公园。北风呼啸，不惧严寒的动物朋友们依然在这里守卫着它们的家园。
鸳鸯
豹猫
中华秋沙鸭
大白鹭
苍鹭
东北兔

棕熊
紫貂
红松
东北虎
马鹿
东北豹
狗獾

武夷山国家公园

要美貌也要知识，
我是酷酷的学者圆圆。

姓名
圆圆

物种
原鸽（*Columba livia*）
——颠翼球胸鸽

职业
学者

鸽子档案

颠翼球胸鸽（Reverse-wing Pouter）由原鸽驯化而来，是一类观赏类鸽子，驯化于19世纪初期德国的萨克森自由州和图林根州。

颠翼球胸鸽因其华丽的羽毛而闻名于世。

巨大的嗉囊是颠翼球胸鸽显著的特点。嗉囊可以分泌乳汁，用于哺育后代，雌雄皆可分泌。

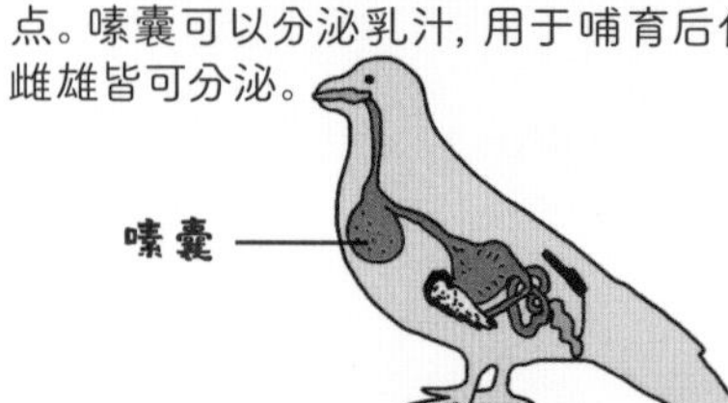

在生气时，它们的嗉囊会快速充气，令它们看上去格外高大。

武夷山是我国福建省与江西省交界处的纵贯南北的山脉。武夷山国家公园位于武夷山脉的北部，范围包括主峰黄岗山周围及九曲溪流域。

武夷山脉大致沿着与我国东南部海岸线平行的方向延伸，北部海拔相对较高，汇集了海拔1000米以上的山峰上百座，其中主峰黄岗山高达2160.8米，在我国平均海拔较低的东南部是至高点。这里的云海和日出非常漂亮。

武夷山国家公园里连绵的森林是同纬度地区中最典型、面积最大且保存最完整的中亚热带森林。

武夷山国家公园面积约为1280平方千米，是目前我国已设立的国家公园中最小的一个。面积虽然不大，却有山水相依的奇妙秀美景观。

武夷山国家公园平面示意图
面积：约1280平方千米

大熊猫国家公园
面积：约27100平方千米

三江源国家公园
面积：约123100平方千米

海南热带雨林国家公园
面积：约4300平方千米

东北虎豹国家公园
面积：约14000平方千米

作为一位来自异乡的学者，圆圆可太期待这次的调查之旅了，这可是增长见识的好机会！
它已经准备好了漂亮的记录本，等写好报告就可以发表了呢！当然，调查路上虽然辛苦，但也要时刻记得——优雅！

路线一：进行地史学调查
我的地史学记录本
观察记录：
圆圆
今日记录
日期：
时间：
地点：
天气：
我的新发现
丹霞地貌
火成岩 晒布岩
路线二：进行生态学调查
日期：
天气：
心情：
我的发现
动物
爬行类
哺乳类
昆虫
鸟类
……
植物
小叶黄杨
马尾松
黄山松

路线一
柔和的风打着旋儿和圆圆打招呼，天气可真舒服啊，就和百万年前一样。
嗨
真舒服呀！
圆圆来这里搜集武夷山国家公园的历史资料。据说 200 多万年前，第四纪大冰期来袭，武夷山挡住了南下的寒气，成为无法忍受寒冷的古生物的避难所。
大冰期来袭！
寒气
1
2
3
4
武夷山地区气候温和，既没有东北的严冬，也不像海南雨林那样炎热潮湿。
壳斗大家族（俗称橡子）
马尾松
中山潮湿凉爽，生长有大量苔藓。但强烈的紫外线会让树木变矮。
武夷山处于中低纬度地区，海拔相对较高。植被垂直带谱明显，随海拔递增依次分布有常绿阔叶林带、针阔叶混交林带、温性针叶林带、中山苔藓矮曲林带和中山草甸带。
黄山松
南方红豆杉
小叶黄杨
圆圆一路对着这里复杂的植被带进行观察、记录。
?
这些复杂的植被源自大冰期。
圆圆累得满头大汗，连漂亮的羽毛都被灰尘弄脏啦！
讨厌！
它眼珠一转，跳上了九曲溪上的小竹排。
太累了，休息一下！
圆圆躺在竹排上，戴着墨镜和小草帽，顺流而下。

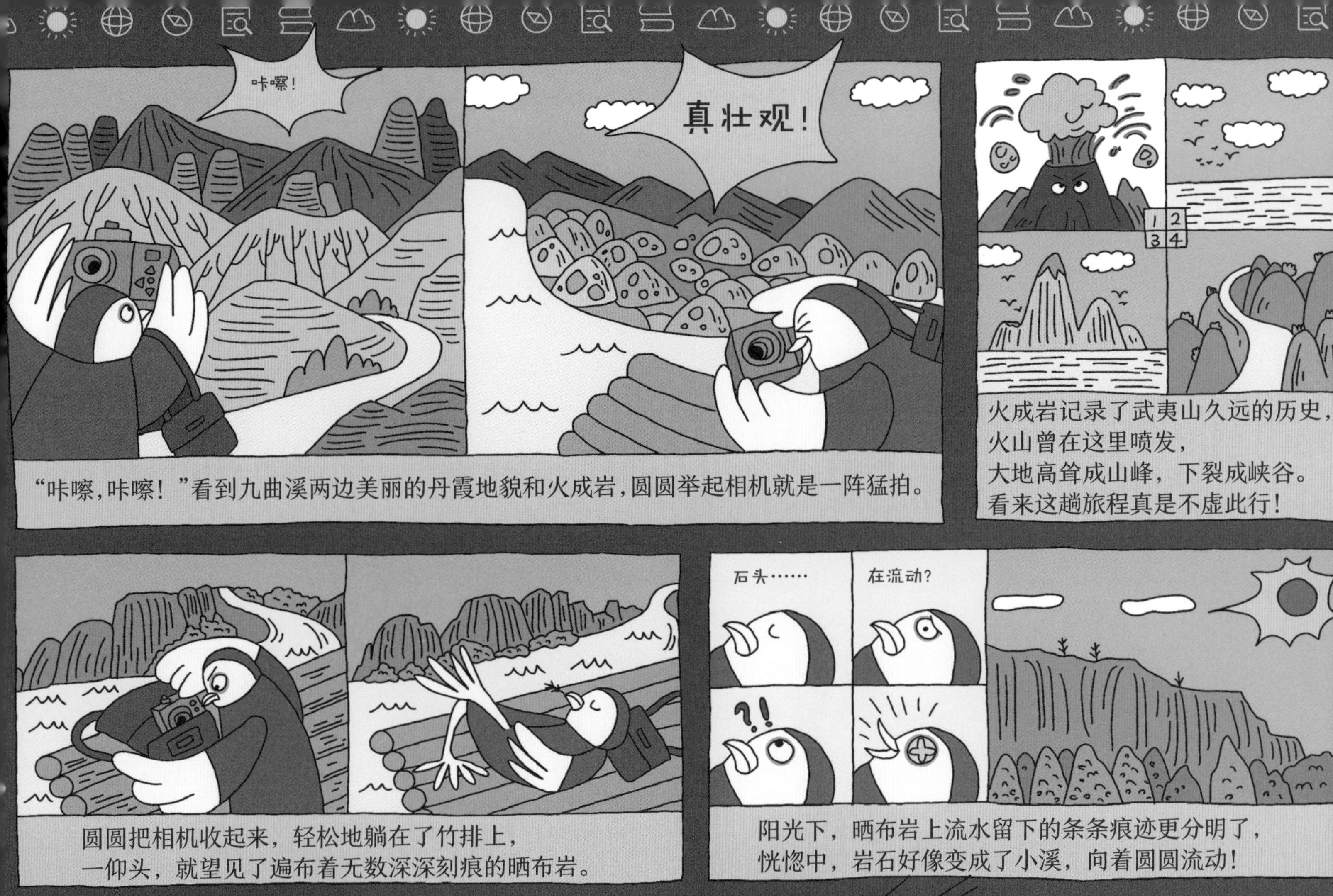
咔嚓!
真壮观!
"咔嚓,咔嚓!"看到九曲溪两边美丽的丹霞地貌和火成岩,圆圆举起相机就是一阵猛拍。
1 2
3 4
火成岩记录了武夷山久远的历史,
火山曾在这里喷发,
大地高耸成山峰,下裂成峡谷。
看来这趟旅程真是不虚此行!
圆圆把相机收起来,轻松地躺在了竹排上,
一仰头,就望见了遍布着无数深深刻痕的晒布岩。

石头……
在流动?
?!
阳光下,晒布岩上流水留下的条条痕迹更分明了,
恍惚中,岩石好像变成了小溪,向着圆圆流动!

竹排驶向终点——武夷山的茶园。
武
夷
山
终

一望无际的茶田记录了
武夷山悠久的人文历史。

茶树叶子

圆圆飞上天空,
心满意足地
回到实验室。

丹霞地貌

武夷山位于丹霞地貌的分布区,也是由沉积了红色砂砾岩的低地抬升形成的山峰。板块抬升的过程造就了高耸的山峰和下裂的峡谷。九曲溪就是在裂谷的基础上聚水而成的。

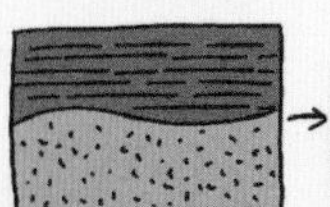
岩层堆积

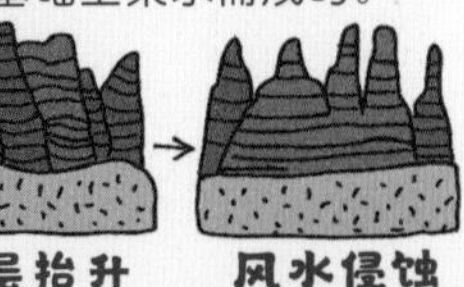
地层抬升
风水侵蚀

复杂的流水

武夷山国家公园降水充沛,园区内有大小溪流 150 多条,常年水流不息,是闽江的主要源头和集水区之一。山间瀑布泉水汇成一条九曲溪,穿行在峰峦间,将山体切割开来。

火成岩的形成

在恐龙活跃的中生代晚期,武夷山曾发生过强烈的火山活动,地底的熔岩侵入地表岩层,冷却后形成了火成岩。

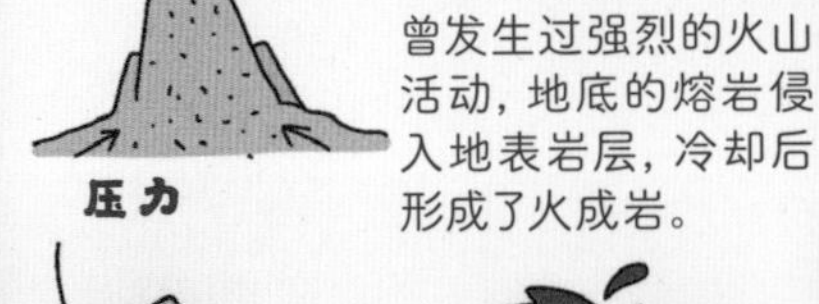
压力

岩浆
喷发啦!

晒布岩的形成

晒布岩陡峭的岩壁上布满了无数直直的痕迹,这是长年来受到雨水冲刷形成的。

武夷山复杂的地形和得天独厚的气候也孕育了享誉中外的茶种。武夷山出产的茶包括以大红袍为佼佼者的乌龙茶和以正山小种为代表的红茶。正山对应的是外山,意思是"本地的、正统的"。

正山小种

武夷山大红袍和正山小种

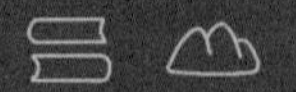

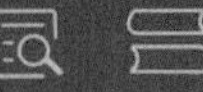

* 注：想知道关于黑麂体检和万物车站的故事，就去看钱江源国家公园和南山国家公园的章节吧。

受访者3号
尖吻蝮
尖吻蝮你好，都知道你是毒性很大的毒蛇，那被你咬了到底可以走几步呢？
?!
在这里只能走4步，在台湾地区可以走99步，因为我在这里叫五步蛇，在台湾地区却叫百步蛇。
哈哈哈，竟然还有这样的区别啊！
我还想问问"角怪"，你的角为什么会长在嘴上呢？
受访者4号 原髭蟾
2~4 厘米
我的角在发情期才会长出来，是用来和"情敌"战斗的。等我赢得配偶，配偶产完卵后，这些角就会自己脱落啦！
这里有高等植物2799种，包括苔藓、蕨类、裸子和被子植物；野生脊椎动物558种；昆虫6849种，占中国昆虫种数的约1/5！
喂，那边的鸟，我们武夷山可被誉为鸟的天堂、蛇的王国、昆虫的世界、野兽的乐园！
请问可以接受采访吗？
亚洲黑熊
黄喉貂
哇！
金斑喙凤蝶
阳彩臂金龟
对不起！吓到你了！
啊！
啊
没关系。
你在做调查吗？
可以和我做朋友吗？
你好呀，我是圆圆！
太棒了！
我是来武夷山做生态学调查的！
我来告诉你！
好呀！
武夷山的植物也很丰富，我来给你讲讲吧！
谢谢你！
武夷山有许多珍稀特有的植物物种，比如新发现的武夷对叶兰，还有"活化石"水杉。
水杉与我们常见的落羽杉很相像。落羽杉生长在湿地里，有很多密集的呼吸根；而水杉不生长在湿地里，呼吸根很少。
水杉
落羽杉
呼吸根
落羽杉的叶子
水杉的叶子
落羽杉的线形叶片细小，参差互生；水杉的小枝上，叶面则是两两对生的，且微微下垂，像羽毛一样。
爬行动物
原髭蟾
尖吻蝮
植物
武夷对叶兰
鹅掌楸
哺乳动物
黄喉貂
黑麂
亚洲黑熊
鸟类
短尾鸦雀
黄腹角雉
白鹇
白颈长尾雉
昆虫
金斑喙凤蝶
阳彩臂金龟
这次调查中，我们记录了武夷山国家公园里的珍稀植物，并深度了解了具有代表性的动物，我们对武夷山国家公园的了解又加深了。

回望美丽的武夷山国家公园，圆圆被它悠久的历史和多样的生物所深深吸引。
圆圆相信，自己的调查报告发表后，一定能引起轰动！
不知道去其他国家公园工作的伙伴怎么样了？它们也会一样幸运吗？
丹霞地貌
中山草甸
黄喉貂
金猫
晒布岩
茶园
金斑喙凤蝶
黄山松
海南鳽
阳彩臂金龟
白鹇

呼吸根
黑鹿
白颈长尾雉
橡树
马尾松
黑熊
黑鹳
短尾鸦雀
吻蝮
黄腹角雉
鹅掌楸

祁连山国家公园

保护公园生物，维护自然景观，责任感超强的巡护员小原来啦！

鸽子档案

姓名：小原
物种：原鸽（*Columba livia*）
职业：巡护员

习性特点

原鸽喜欢集群生活，栖息于平原绿洲、低山丘陵、山地峭壁。

家鸽由原鸽驯化而来。

公园信息

祁连山国家公园是目前国家公园体制试点地区之一，位于青海省和甘肃省的交界处，围绕着祁连山山脉而建，可以保护祁连山山区的生物多样性，以及自然生态系统的原真性和完整性。

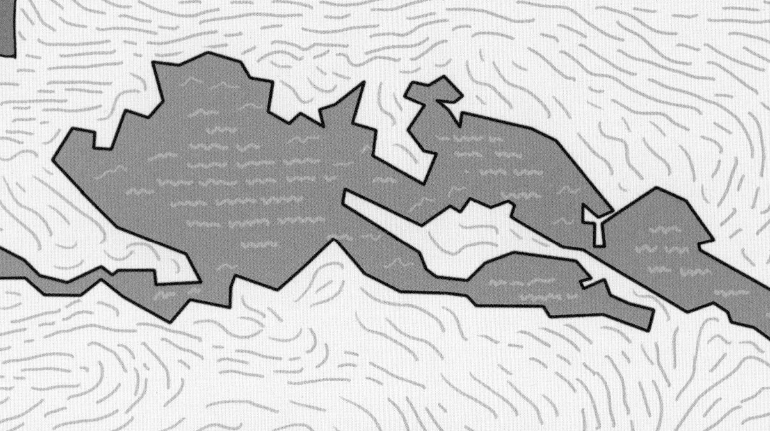

祁连山国家公园平面示意图

总面积：约 50200 平方千米

气候

祁连山地处高寒地带，属于高原大陆性气候区，冬季漫长、寒冷而干燥，夏季短暂、温凉而湿润。

东南季风从太平洋吹来，来自海洋的暖湿气流被祁连山脉截获，在山区形成降雨，让祁连山国家公园成为西北荒漠之中一座庞大的绿岛。祁连山脉很长，降水量自东向西逐渐变少。

蒙新荒漠

从地势上看，这里地处青藏高原东北部边缘，是青藏高原、黄土高原和蒙新荒漠的交会处。

一系列西北至东南走向的高山、沟谷和山间盆地组成了这里的主要景观，山地平均海拔 4000 米以上，最高峰是团结峰，高达 5808 米。

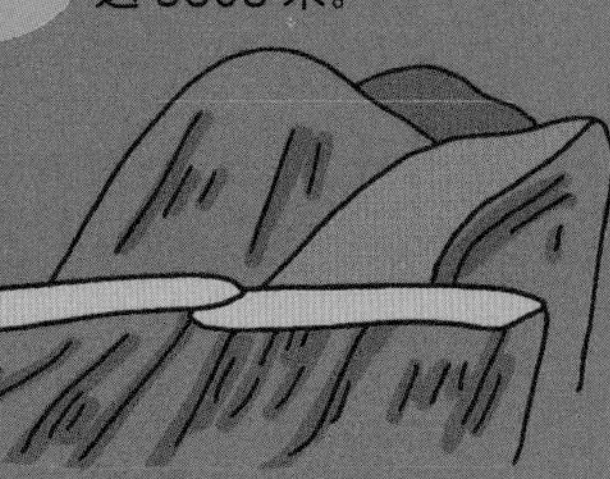

作为一名优秀的巡护员，小原的一天可是非常繁忙的。来到祁连山国家公园执行任务更不能马虎，它选择了两条巡逻路线，保证这里一切安全。

路线一：作为生态巡护员巡逻，保证生物正常生活

路线二：作为地质巡护员巡逻，保证地貌不受破坏

路线一

天刚蒙蒙亮，小原打着哈欠，揉着眼睛，开始了一天的巡逻任务。

我决定今天从植物开始巡逻。

玉龙蕨是中国蕨类植物中最耐寒的种类之一，生活在海拔 4000~4500 米的高山荒漠带，分布面积较小，非常珍贵。

冻坏鸽了！

啊……
嚏！

确认了玉龙蕨在这严寒的地区依然生机勃勃，小原赶紧飞向了海拔稍低的地区。

青海云杉
祁连圆柏
蒙古栎
侧柏
油松

行过鹤立鸡群的青海云杉和祁连圆柏，检查过油松、蒙古栎和侧柏等树木的健康情况，小原决定稍做休整。

工作日志

休息时，小圆从包里翻找出工作日志，开始记录今天的巡逻情况。它还取了些白桦树皮作书签。记录完成，小原又要出发了！

除了玉龙蕨，还有很多植物能适应高寒环境。小原可适应不了，但为了工作，也只能哆哆嗦嗦地再上一次高海拔地区了。

这里的金露梅矮矮小小的，小原安慰地拍了拍这些小花。

金露梅

别担心，我帮你去探望你的朋友。

?

接着，小原又朝高山绣线菊飞去，还没降落，它就看见了成片的白色小花。

这么茂盛，一看就没问题啦！

驼绒藜

大披针薹草

接下来该去拜访动物朋友了。

停在白唇鹿的头顶，小原用羽毛抚过它长长的鹿角，确认鹿角还是又威武又美丽后，它才放心离开，临走还不忘嘱咐。

1.
2.
3.
4.

珠芽蓼

青海以礼草

小原伸了个懒腰，为植物巡护日志的待办事项一项项打上钩。

到了求偶期也要小心，不要打架弄伤自己啊！

白唇鹿

马麝就麻烦点儿了。认识了这么久，它还是会警惕地东张西望，小原一接近，它便撒腿就跑。

哇！跑这么快！
不过看你精神这么好，我就放心啦！

听说，三江源国家公园里也居住着雪豹，可惜的是，仁真没能和高傲的高山之王交上朋友。

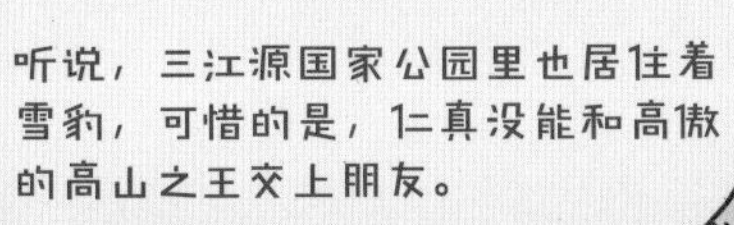

哇！
是
雪
豹！

小原就不一样啦，它和雪豹的尾巴逗着玩了半天，才意犹未尽地挥挥手，去找下一个动物朋友了。

拜拜

豺正聚成一群，发出高低不同的声音相互交流。

而黑颈鹤正在高原上闲逛。

金雕在空中盘旋，眼睛精光四射，搜寻着猎物。

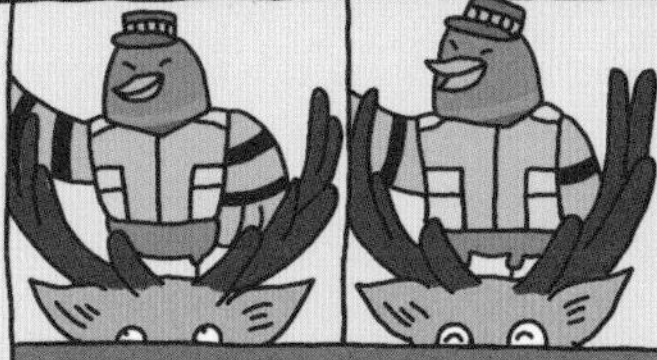
鸽太忙了！
休息一下吧！

在马鹿的角上休息片刻，小原又要马不停蹄地巡访别的动物了。

岩羊
眼睛都要看花了，这些岩羊总是藏在高山草甸的裸岩上，太难辨认了！

棕熊
狼
蓝马鸡
啊
呼
哈哈哈

小原又依次找到了棕熊、狼和蓝马鸡。

偷偷拍下藏狐呆呆的正脸后，小原今天的工作就完成啦！

大大地伸了个懒腰，疲惫感迟来地涌上小原全身。不过，为了植物们和动物们的安全，再辛苦都是值得的！小原握紧拳头，已经开始期待明天的巡护工作了。

健康的植物朋友们

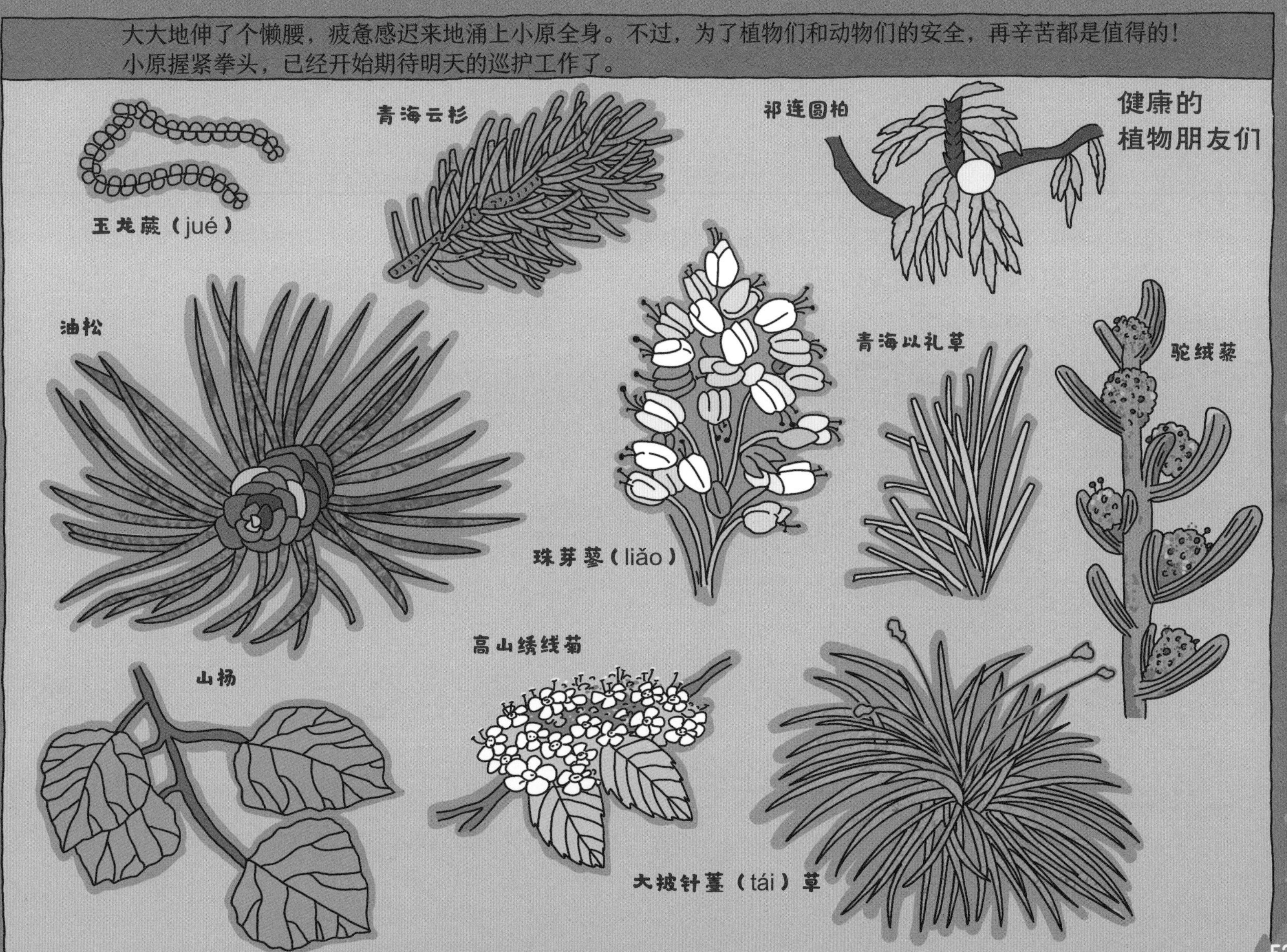
玉龙蕨（jué）
青海云杉
祁连圆柏
油松
珠芽蓼（liǎo）
青海以礼草
驼绒藜
高山绣线菊
山杨
大披针薹（tái）草

路线二
小原今天的任务是巡护祁连山国家公园的地貌。为了能近距离观察地貌，小原开着观光车出发了！
草原景观站
草原景观是小原景观巡护的第一站。奔驰在看不到边的绿色草原上，感受着迎面而来的阵阵微风，小原只觉得心旷神怡。
鸽好悠闲呀！
作为巡护员，小原不仅要看护草原不受虫害，还要进行草原防火巡查。
认认真真地巡视一圈，仔细确认过草原上没有危险的火种，又清理掉一些杂草等可燃物后，小原便继续奔赴森林。

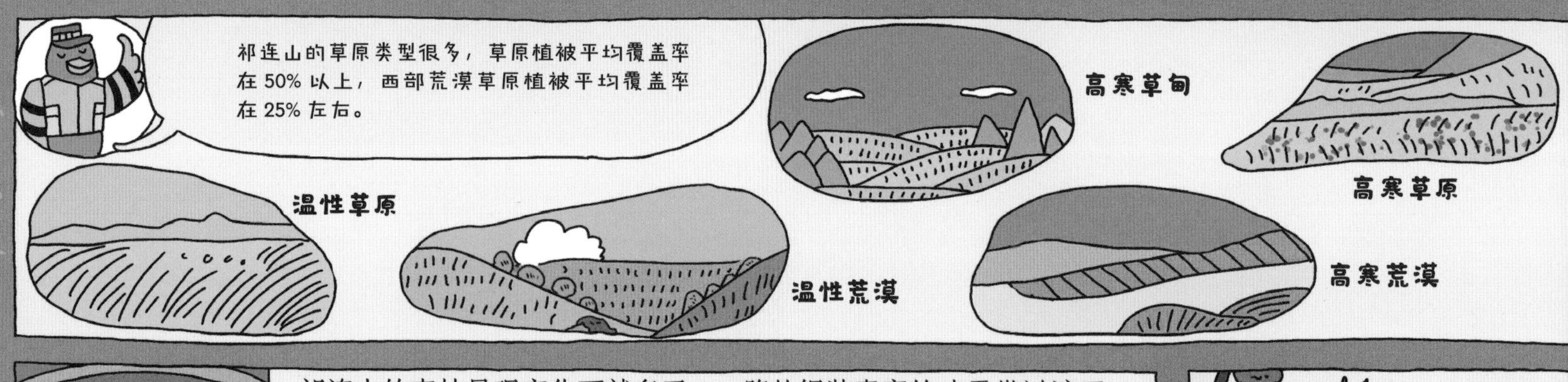
祁连山的草原类型很多，草原植被平均覆盖率在 50% 以上，西部荒漠草原植被平均覆盖率在 25% 左右。
高寒草甸
高寒草原
温性草原
温性荒漠
高寒荒漠

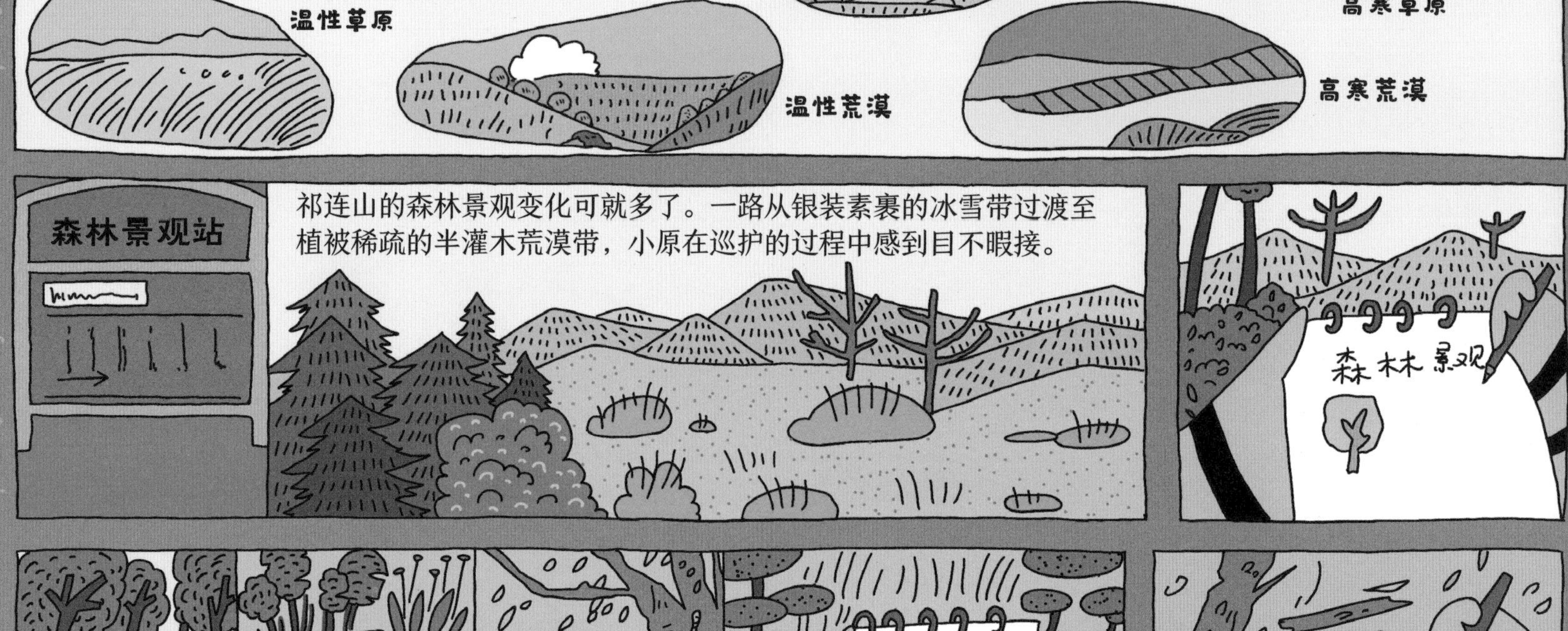
森林景观站
祁连山的森林景观变化可就多了。一路从银装素裹的冰雪带过渡至植被稀疏的半灌木荒漠带，小原在巡护的过程中感到目不暇接。
森林景观

森林景观
植物生长
情况
受害：害虫
xn
在欣赏风景的同时，小原还是认认真真地在工作日志上记录了植物的生长情况，标记了遭受虫害的树木，完成了对森林景观的巡护工作。

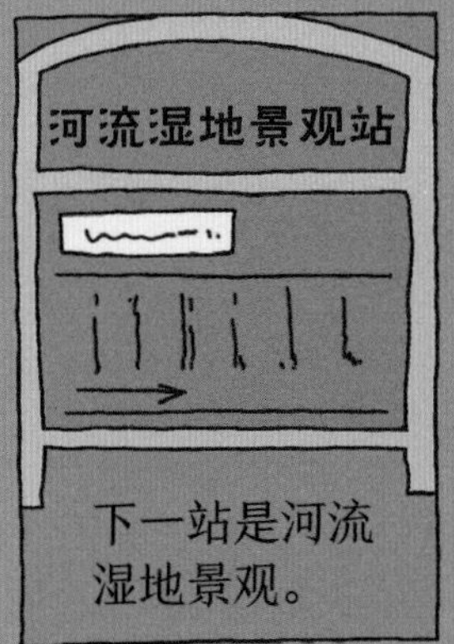

下一站是河流湿地景观。

祁连山脉也是其他 55 条内陆河的发源地。这里河流、湿地密布，孕育了河西走廊地带的绿洲，因而被称为“中国湿岛”。

祁连山脉覆盖的积雪和史前冰川融化形成了中国第二大内陆河——黑河。黑河河面宽阔，支流众多。

沿着黑河顺流而下，小原一路巡视着湿地风光。

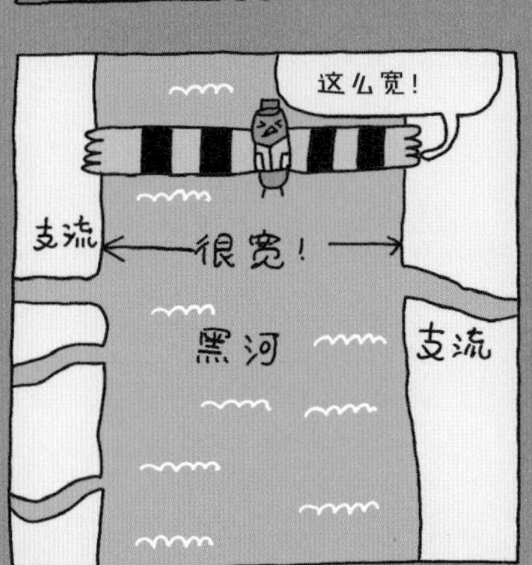

在河流湿地景观，小原的主要工作是检测水质。

小原既要持续跟进河流和湿地的各项数据变化，还要监测水质有没有受到污染。

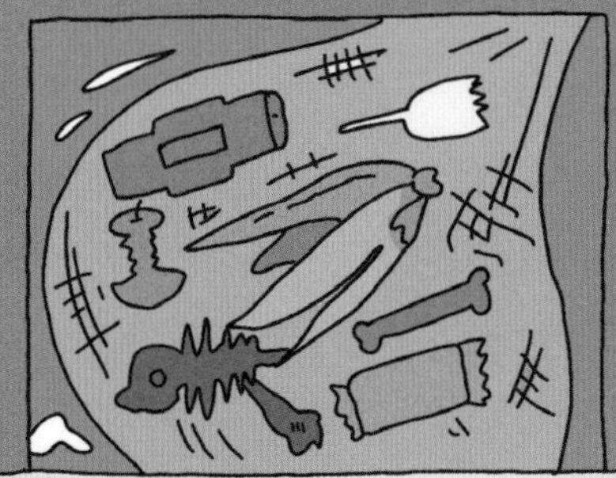

完成水质检测，小原还用网兜捞起了水里的一些垃圾，然后便奔赴这次巡护之旅的最后一站——冰川景观。

冰川景观站
八一冰川
八一冰川长约2000米，宽约1000米，最高处海拔达4828米，末端海拔约为4520米，属于发育于平缓山顶的冰帽型冰川。
八一冰川正是小原刚刚巡视过的黑河的源头。
透明梦柯冰川
七一冰川
又巡视了透明梦柯冰川、七一冰川等大大小小的冰川后，小原的巡护工作终于结束了。

在小原巡视过的祁连山国家公园中，
阳光温暖，冰川融水顺着平缓的顶部缓缓流下，
形成大大小小的瀑布，
万物和谐共生，景象极为壮观。

金雕
藏狐
棕熊
马鹿
青海云杉
蓝马鸡
狼
油松
喜马拉雅旱獭

神农架国家公园

姓名
普尔

物种
原鸽–英国喜鹊鸽（*Columba livia*）

职业
侦探

我就是全世界最棒的鸽子侦探，头脑和身手一样厉害！

鸽子档案

英国喜鹊鸽（English Magpie Pigeon）也是一类驯化自原鸽的品种，是一类历史悠久的观赏家鸽。它的脖子纤细挺拔、有金属光泽，腹部和双腿呈白色，尾巴呈黑色。

纤细而拥有金属光泽的脖子

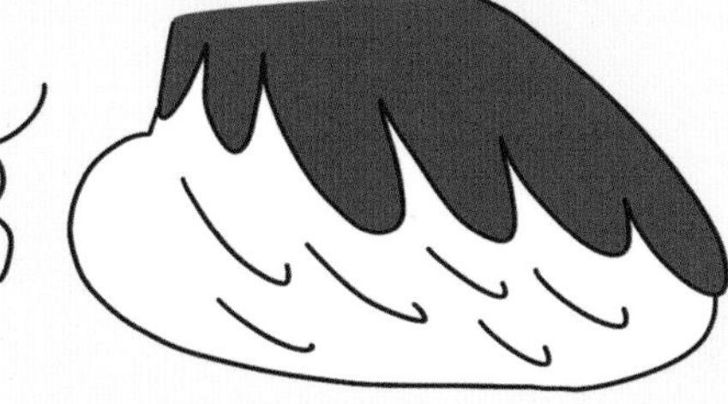
白色的腹部

黑尾巴

公园信息

大家一定听说过神农勇尝百草的故事。上古时代，为了熟悉植物的药性、判断能否食用，神农氏行遍三湘大地，尝遍百草。而神农架相传正是神农氏搭架上山之处，因而得名。

神农架国家公园平面示意图

神农架国家公园位于湖北省西北部，与重庆市接壤，是秦巴山脉的东端，在纬度上与安徽省平齐，是南方人眼中的北方，北方人眼中的南方。

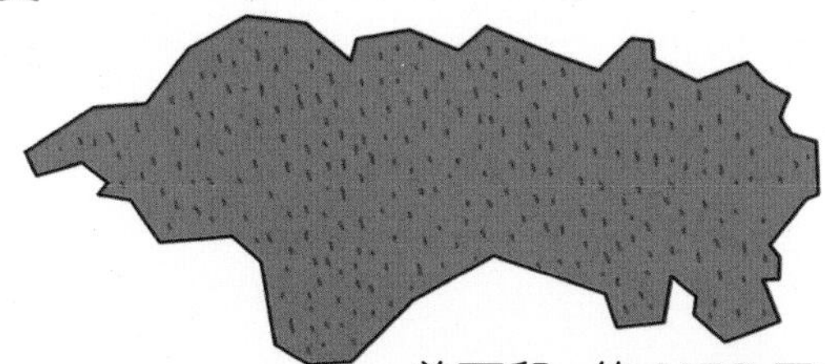
北
总面积：约 1170 平方千米

2
1
3

神农架国家公园森林覆盖率高达 96.1%，有全球中纬度地区保存最好的原始森林。2016 年 5 月，神农架国家公园被批准建立。目前，它已被正式列入国家公园体制试点。

当然，神农架还是国内唯一一个同时荣获联合国教科文组织“人与生物圈自然保护区”“世界地质公园”“世界遗产”三大称号的保护地。

神农架国家公园中一直流传着神秘“野人”的传说。这里群山层峦叠嶂，密林郁郁葱葱，是不是真的有“野人”藏身其中呢？大名鼎鼎的侦探普尔登场，一定要找出真相！

路线一：顺着神秘脚印攀爬高山
路线二：顺着神秘脚印深入密林

路线一
顺着脚印，普尔走进了神农架国家公园的高山地带。

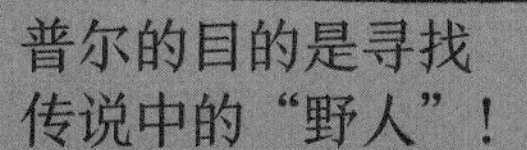

普尔的目的是寻找传说中的“野人”！

普尔察觉到神农架的地质有蹊跷。

这里的岩层不一般！难道这里曾经是海洋？

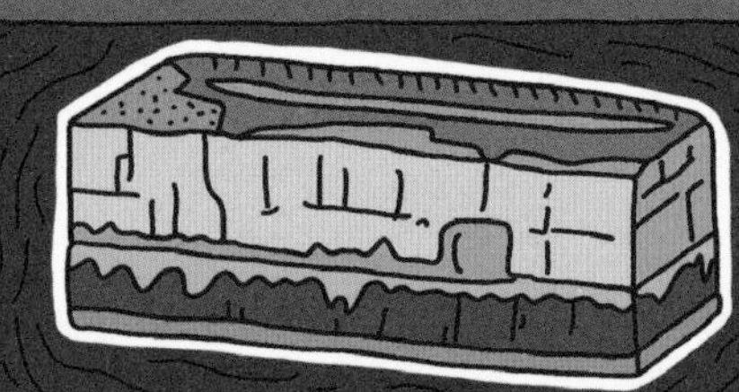

碳酸盐岩是一种可溶岩，容易被流水溶蚀。这意味着这里可能有喀斯特地貌中典型的溶洞和地下暗河。

约 16 亿—10 亿年前，神农架地区还是一片大海，后来才在一系列地壳抬升运动中逐渐“浮出水面”。但是曾经的海洋环境让神农架地区沉积了厚达 4000 余米的碳酸盐地层。

神秘的脚印把普尔引入了溶洞。越往里走，周围的光线越微弱，淅淅沥沥的水声让溶洞显得更加幽深。

滴
滴
答

我可是专业侦探，不惧怕黑暗！

不……不，
不怕，
我不怕……黑！

普尔一边给自己打气，一边打开手电筒。明亮的光线映照在泉水上，折射出的亮光让普尔安心了不少。

亮闪闪

25!
“野人”喝的就是这里的水吗？普尔要调查一下这里的水。它用翅膀沾了点儿水，用水质检测仪一测，检测仪上蹦出了一个特别高的数字！

这……
这么高！

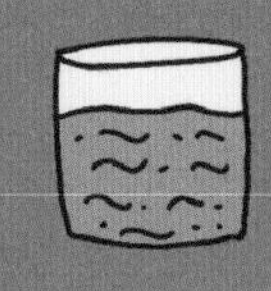

大熊猫国家公园旅游指南
对比一下京京撰写的《大熊猫国家公园旅游指南》，普尔似乎知道了什么。

关于水的硬度，在不同国家有不同的测量方式。比如德国度是将钙离子折算为氧化钙，英国度则是将钙离子折算为碳酸钙。

嘿！
水质的软硬代表的并不是真的坚硬程度，而是表示水中钙、镁等离子的含量多少。

但基本上，数值越高，就表示水的硬度越大，最直观的表现就是烧水的时候水垢会很多。而大熊猫国家公园的基岩主要是花岗岩，水普遍比较软。

?

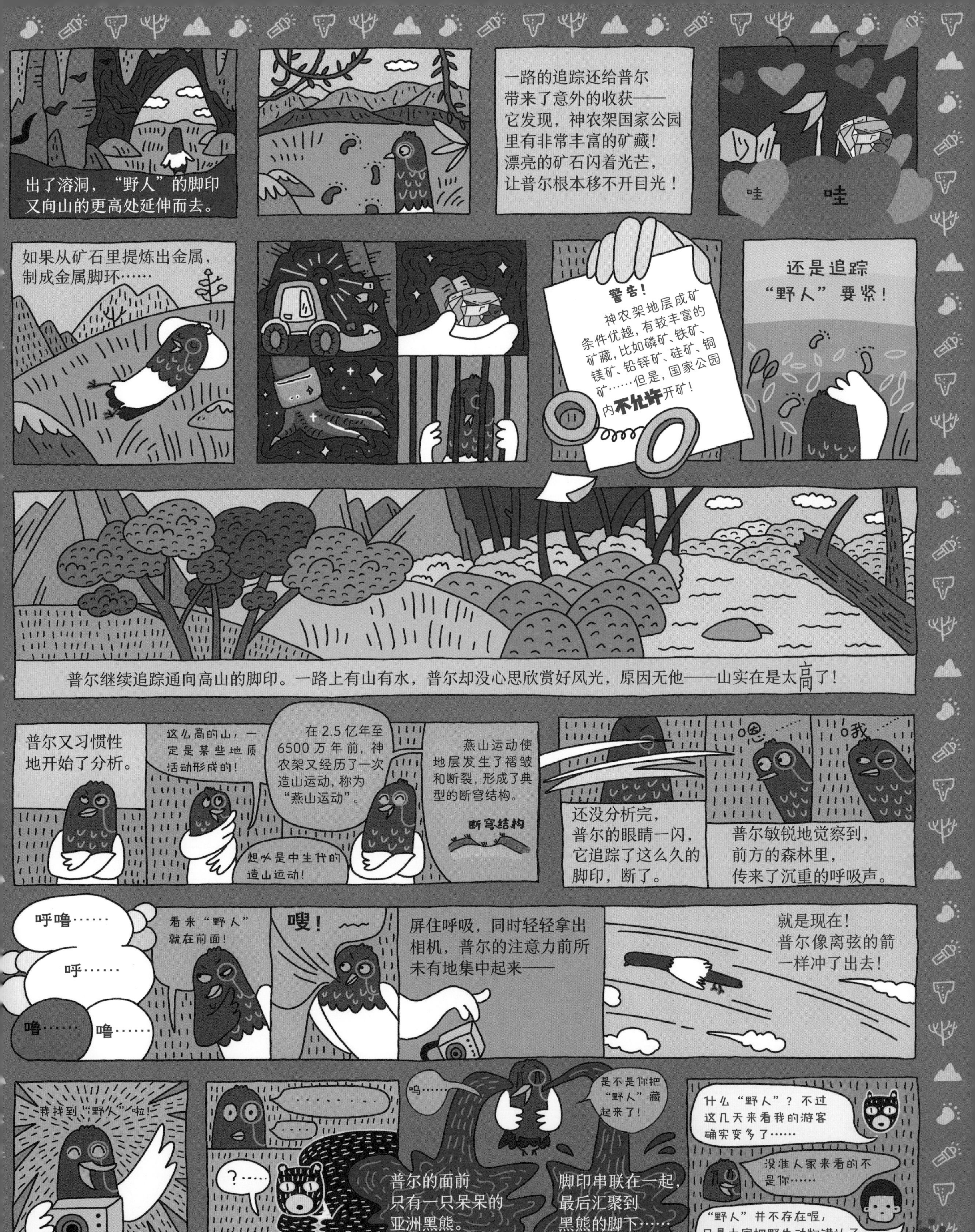

出了溶洞，“野人”的脚印又向山的更高处延伸而去。
一路的追踪还给普尔带来了意外的收获——它发现，神农架国家公园里有非常丰富的矿藏！漂亮的矿石闪着光芒，让普尔根本移不开目光！
哇
哇
如果从矿石里提炼出金属，制成金属脚环……
警告！
神农架地层成矿条件优越，有较丰富的矿藏，比如磷矿、铁矿、镁矿、铅锌矿、硅矿、铜矿……但是，国家公园内不允许开矿！
还是追踪“野人”要紧！
普尔继续追踪通向高山的脚印。一路上有山有水，普尔却没心思欣赏好风光，原因无他——山实在是太高了！
普尔又习惯性地开始了分析。
这么高的山，一定是某些地质活动形成的！
在2.5亿年至6500万年前，神农架又经历了一次造山运动，称为“燕山运动”。
想必是中生代的造山运动！
燕山运动使地层发生了褶皱和断裂，形成了典型的断穹结构。
断穹结构
还没分析完，普尔的眼睛一闪，它追踪了这么久的脚印，断了。
嗯
哦
普尔敏锐地觉察到，前方的森林里，传来了沉重的呼吸声。
呼噜……
呼……
噜……
噜……
看来“野人”就在前面！
嗖！
屏住呼吸，同时轻轻拿出相机，普尔的注意力前所未有地集中起来——
就是现在！普尔像离弦的箭一样冲了出去！
我找到“野人”啦！
?……
普尔的面前只有一只呆呆的亚洲黑熊。
呜……
是不是你把“野人”藏起来了！
脚印串联在一起，最后汇聚到黑熊的脚下……
什么“野人”？不过这几天来看我的游客确实变多了……
没准人家来看的不是你……
“野人”并不存在喔，只是大家把野生动物错认了。

路线二
神农架的密林里生活着无数可爱的小动物，而普尔一路追寻的“野人”脚印又指向了这里。
普尔坚信，凭借出色的侦探技巧，这次它一定能找出“野人”。
侦探技巧第一条：
多多交谈，收集情报！
你好呀，川金丝猴！
哇，你的毛太美了，好特别呀！
嘿！
对了，听说这里有“野人”，你这么漂亮又聪明，一定知道些什么吧？
“野人”啊，我知道啊，就住在河边，叫声像婴儿哭泣一样。
太好啦！
我第一次来神农架国家公园，就碰见你了，真是太幸运了。
匆匆地道了个谢，
普尔就向河边冲去。
望着普尔远去的背影，
川金丝猴笑得从树上滚了下来。
“野人”根本就不存在呀！
侦探技巧第二条：
明察秋毫！
篦子三尖杉
灯台树
海州常山
珙桐
川西樱桃
紫金牛
紫斑风铃草
除了动物朋友们的信息，普尔还仔细观察了周围环境。搜寻过了珙桐、篦子三尖杉、川西樱桃、灯台树、紫金牛、紫斑风铃草、海州常山等一干植物，普尔有信心下一秒就找到“野人”！

侦探技巧第三条：
咬住线索！
循着河流，普尔一路搜索，却只见到了大鲵。
看来川金丝猴给出的信息不准确呀！
不过大鲵住在这里，应该见过“野人”吧？
你见过“野人”吗？
大鲵
有了新的线索，
普尔不辞辛苦地又爬过高山。
好累……
功夫不负有心人，普尔远远看到一簇马蹄形的黑色长毛闪过灌木丛。兴冲冲地飞过去，普尔失望地发现，这个身影是毛冠鹿。
毛冠鹿
好在毛冠鹿也提供了线索。普尔又询问了其他动物，拼凑出了“野人”的形象。
“野人”有长长的尾羽。
“野人”在山对面的林子里，对了，它的发型很独特。
中华斑羚
“野人”有獠牙。
林麝
“野人”的肚子是红色的。
“野人”身上都有斑点。
红腹锦鸡
云豹
“野人”最爱吃鸽子！
普尔打了个冷战。但有了这些信息，找到“野人”十拿九稳！
普尔的笔记
川金丝猴
曾经神农架和秦岭的川金丝猴分布地连成一片，但是随着清末人口激增，人类对山区加速开发，迫使广泛分布的川金丝猴藏入深山中，神农架的川金丝猴也和秦岭的川金丝猴分隔开了。现在，神农架的川金丝猴已经进化为一个独特的亚种——湖北亚种。
白冠长尾雉
白冠长尾雉在神农架分布较多。京剧中孙悟空头顶的花翎就是用它的尾羽制作的。
毛冠鹿
毛冠鹿是一种可以爬得很高的有蹄动物有季节性垂直迁徙的习惯，夏天去高海拔的地区，冬天再下来。科学家认为它们去往凉爽的高山上主要是为了躲避蚊虫。神农架还曾出现过白色的毛冠鹿，非常罕见。
大鲵
大鲵，俗名“娃娃鱼”，据说是因为叫声像小孩哭泣一样，或者爪子太像小孩的手。它是世界上最大的两栖动物，但是几乎不会上岸活动。

侦探技巧最重要的一条——永不言弃！

普尔斗志满满！普尔决心找出“野人”来！但今天……
普尔累了。
大侦探也有休息时间吧？
这样想着，普尔心安理得地收拾包袱，款款踏上了回家的路。

水杉
中华斑羚
红腹锦鸡
林麝
篦子三尖杉
紫金牛

灯台树
川金丝猴
云豹
银杏
紫斑风铃草
川西樱桃
大鲵
海州常山

欢迎来到
普达措国家公园
橡果
谷物
鸽子档案
姓名
卓玛
物种
灰林鸽
(Columba pulchricollis)
职业
画家
习性特点
灰林鸽性格怯懦，并且鲜少鸣叫，平时栖息在以栎类为主的常绿阔叶林中，食物以橡果等坚果、各种浆果、谷物和种子为主。
我是灵感满满的小画家，最爱自然风光！虽然不善言辞，但我比浪花还是健谈些的！

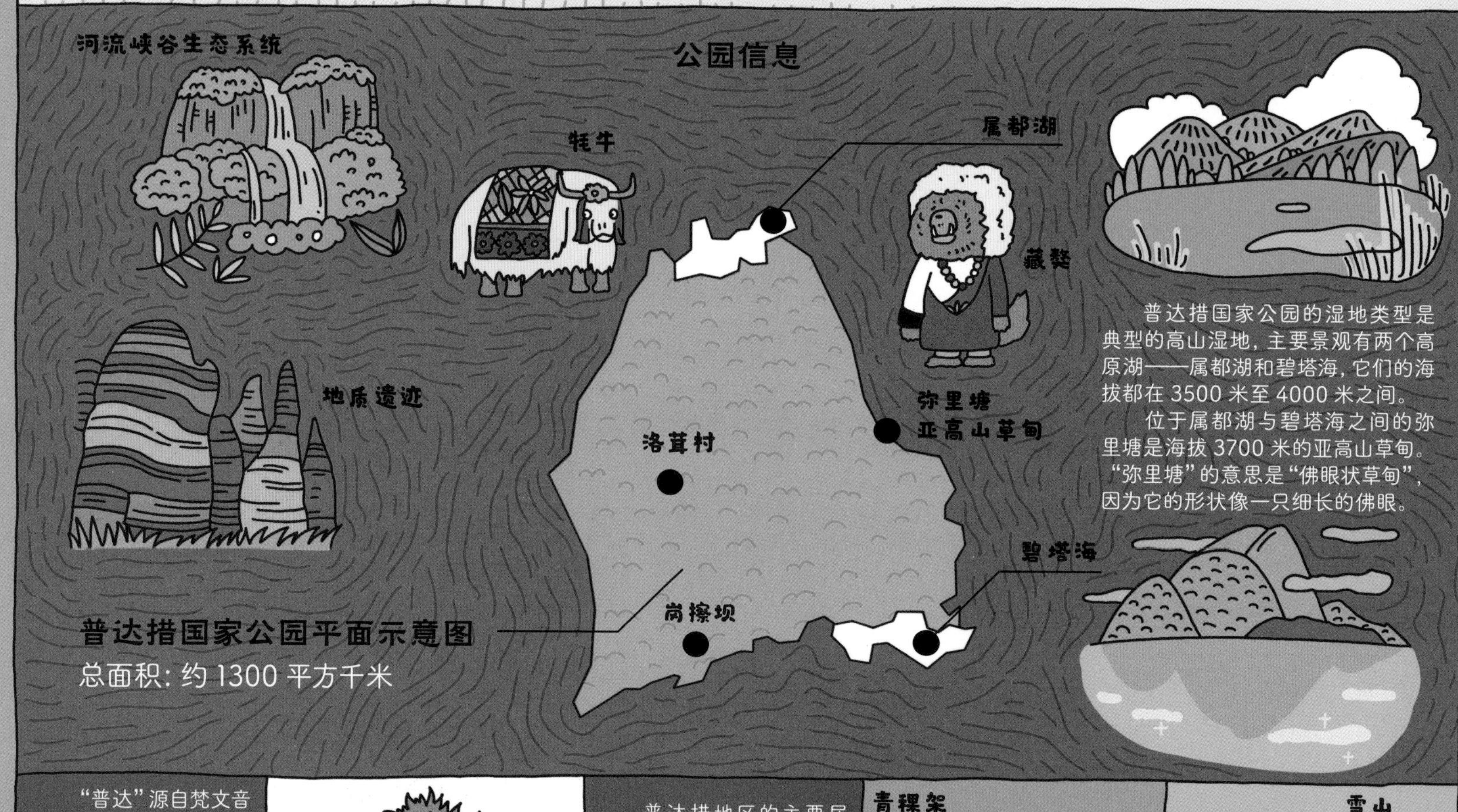
公园信息
河流峡谷生态系统
牦牛
属都湖
藏獒
地质遗迹
弥里塘
亚高山草甸
洛茸村
碧塔海
尚擦坝
普达措国家公园平面示意图
总面积：约 1300 平方千米

普达措国家公园的湿地类型是典型的高山湿地，主要景观有两个高原湖——属都湖和碧塔海，它们的海拔都在 3500 米至 4000 米之间。

位于属都湖与碧塔海之间的弥里塘是海拔 3700 米的亚高山草甸。“弥里塘”的意思是“佛眼状草甸”，因为它的形状像一只细长的佛眼。

“普达”源自梵文音译，以梵文原词命名的地方是佛教中的圣地。而“措”在藏语中的意思是“湖”。“普达措”一词最早见于藏传佛教的《曲英多杰传记》。书中记载：法王见到一个叫作“普达”的湖泊，此地美丽仿若圣境。经考证，书中描绘的地方就是碧塔海和周边地区。

普达措地区的主要居民是藏族人，他们以放牧和种植青稞为生。当地文化有很浓重的藏传佛教色彩。

青稞架
雪山
白塔
牧场

路线一：画出“众神饮水的湖泊”
太美啦！
这是一次艺术之旅，这是一次心灵洗涤之旅——
卓玛心怀憧憬，来到了普达措国家公园，立即被美丽的景色震撼了！这么美丽的景色可一定要留在卓玛的画布上！
路线二：画出“高原明珠”

属都湖畔，卓玛正静静地描摹着眼前美丽的湖泊和郁郁葱葱的森林。

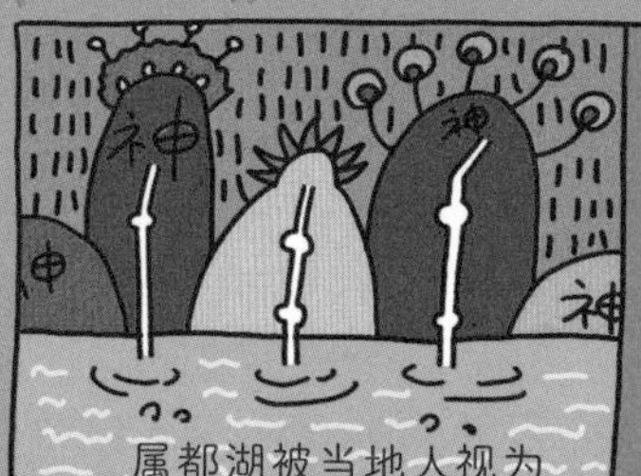

神
神
神
属都湖被当地人视为“众神饮水的地方”。

“属都”在藏语中的意思为“如同石头一样结实的奶酪”。

这里湖畔水草丰茂，特别适合放牧；牦牛产奶量高、奶质好，做出的奶酪醇香可口。

卓玛是画家，特地来到这里，是为了绘制一幅《众神饮水图》。

看到卓玛架起画板，湖中的属都裂腹鱼迫不及待地想让卓玛在画布上留下它们的身影。画完两幅画，卓玛收起画板，向森林深处出发，寻找传说中的神明。

暗针叶林主要由云杉和冷杉属的植物构成，冬天不落叶，因此林子里黑乎乎的。

忽然，几道影子掠过，吓得卓玛连羽毛都掉了几根。它赶快闪到树上，借着枝叶来遮蔽自己。过了好半天，卓玛才小心翼翼地探出头。原来是林麝经过，虚惊一场！

“咯咯咯！”几声高亢的鸣叫打破了森林的宁静。

哇，这么洪亮的歌声，难道“神明”就在这里？

卓玛激动地朝着声源飞去，见到了披着一身华丽羽毛、扯着嗓子高声鸣叫的藏马鸡。

藏马鸡

太好了，这一定就是“神明”了，真是得来全不费功夫！

卓玛急忙架起画板，全心全意地投入绘画中。

画完藏马鸡，卓玛又陆续见到了绿尾虹雉、斑尾榛鸡和雉鹑。这些华丽的鸟儿让卓玛根本移不开眼睛！比如绿尾虹雉，它的羽毛在阳光下闪着七彩的光。

真是华丽！它一定也是“神明”！画下来、画下来！

棕熊
小熊猫

棕熊也出现在卓玛的画作里。棕熊也叫“马熊”，不过卓玛可看不出它哪里像马。还有可爱的小熊猫，它们拖着毛茸茸的大尾巴从卓玛面前经过，卓玛连忙将它们也画入了画作中。

胡兀鹫

这里或许是整个属都湖最寂静的地方。几只胡兀鹫在天空盘旋，周围安静得仿佛没有一丝风。卓玛也屏住了呼吸。

吸

画册被微风翻动，动物朋友们一个个仿佛跳出了画册。这里的动物，就是属都湖饮水的“众神”。

《众神饮水图》终于完成啦！

属都湖周围山中可见高大的云杉、冷杉，林中栖息着猕猴、棕熊、黑熊、水獭、金猫、猞猁、小熊猫、毛冠鹿和藏马鸡等多种动物。

小熊猫	黄喉雉鹑	绿尾虹雉	藏马鸡	胡兀鹫	棕熊	林麝	斑尾榛鸡
这里的小熊猫生活在海拔很高的地方，但是没有大熊猫做邻居。	这是一种特别喜欢鸣叫的雉鹑，在普达措很常见，外形很像鸽子。	绿尾虹雉的羽毛在阳光下像彩虹一样，不仅颜色鲜艳，从不同角度看还有多样的变化。	藏马鸡的胆子很大，不太怕人。它外形华丽，喜欢鸣叫，叫声高亢。	胡兀鹫以腐肉为食，翼展极大。它在藏民心目中有着特殊的地位。	藏语里把棕熊叫作“马熊”，因为这里的棕熊其实是棕熊的喜马拉雅亚种，体形较小。	林麝的行动极其敏捷，它所产的麝香是藏香和藏药中的重要成分。	斑尾榛鸡是我国特有的一种鸟类，它能很好地适应高海拔地区的生活。

云杉
猕猴
冷杉
毛冠鹿
欧亚水獭

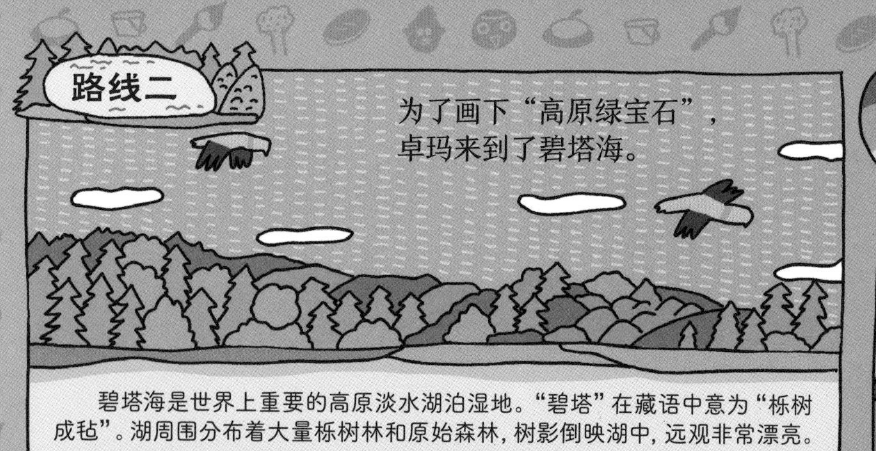
路线二
为了画下“高原绿宝石”，卓玛来到了碧塔海。
碧塔海是世界上重要的高原淡水湖泊湿地。“碧塔”在藏语中意为“栎树成毡”。湖周围分布着大量栎树林和原始森林，树影倒映湖中，远观非常漂亮。

卓玛盘旋着，小小的脑袋里不断构思着取景的最佳角度。

从上往下看，碧塔海确实就像一块镶嵌在森林中熠熠闪光的绿宝石。
卓玛心目中的“高原绿宝石”不仅是碧塔海，还包括了碧塔海周围的森林。
有树影倒映于湖中的碧塔海，才是真正的“高原绿宝石”。

相传天女梳妆时镜子摔落，破碎后的镜片变成了许多高原湖泊，碧塔海就是其中镶有绿宝石的最美的镜片。

碧塔海的全景好画，但要画下中甸叶须鱼的样子就难得多。
好生气呀！
中甸叶须鱼舒适地栖息在湖底，任凭卓玛在湖边怎么着急地跳来跳去，它都不出来。这时，一个有些熟悉的身影出现在卓玛面前……
嘿嘿！
中甸叶须鱼
中甸叶须鱼极度濒危，非常珍贵，只栖息在碧塔海等冷水湖的湖底。
高寒水韭也是极度濒危的珍贵蕨类植物，生长于高山草甸水浸处。
仁真在三江源国家公园也遇到过它们！
对了！
原来是仁真的朋友黑颈鹤！一个视频电话拨过去，仁真果然认出了自己的朋友。
你好，仁真！
嗨，卓玛！
嘻嘻，你看，这是谁？
黑颈鹤好朋友！
你怎么去那了？
这你就不知道啦！
它们将碧塔海湿地作为迁徙的停歇地或越冬地。
祝它们一路顺风！

再见！
下次见！

接下来就是绘制森林中的植物了。

细细观察长苞冷杉，卓玛发现树上还挂着松萝。
不过，和吸取大树养分的槲寄生不同，松萝只是轻轻地垂挂在长苞冷杉上。

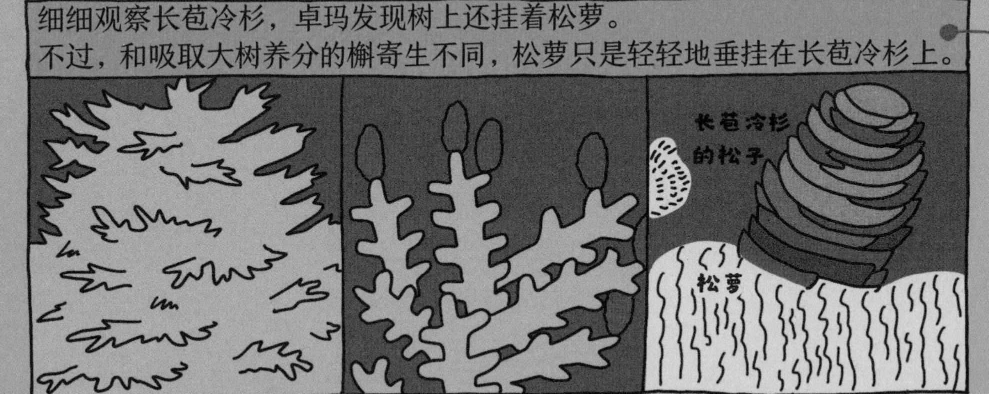

碧塔海植被以长苞冷杉为主，这是一种高大的针叶树，树上经常挂着松萝。

知识手册

滇金丝猴喜欢吃松萝。虽然普达措没有滇金丝猴，但这里是非常棒的潜在栖息地。

关于附生和寄生

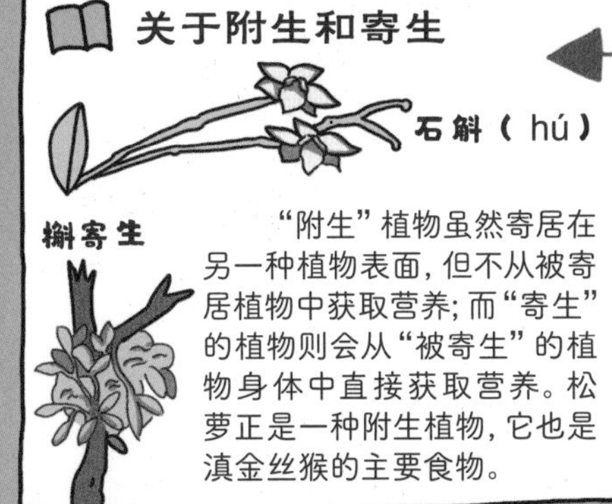

“附生”植物虽然寄居在另一种植物表面，但不从被寄居植物中获取营养；而“寄生”的植物则会从“被寄生”的植物身体中直接获取营养。松萝正是一种附生植物，它也是滇金丝猴的主要食物。

在山中，卓玛又找到了箭竹、苔藓、忍冬、云杉、高山松、红桦等植物。

画着画着，卓玛忍不住拍拍冻得发抖的翅膀。

这些植物可真了不起，我才待了一会儿就冻成这样，连羽毛都被空气里的水分打湿，变得有些沉重了！

来抓我呀！
喜欢！喜欢！

终于，卓玛心目中的《高原绿宝石图》完成了！画中，葱郁的原始森林围绕在湖边，仿佛托起了碧塔海这颗熠熠闪光的“绿宝石”，而在湖边漫步的黑颈鹤则为这幅画面增添了生机。

看看自己的画作，再看看眼前的景色，卓玛已经
分不清自己是在作画，还是已身在画中……
胡兀鹫
山杨
欧亚水獭
属都湖
碧塔海湿地
黑颈鹤
绿尾虹雉
牦牛
高山草甸
青稞架
猞猁
藏马鸡

棕熊
林麝
香格里拉
猕猴
高山松
箭竹
云杉
碧塔海
嘿!
中甸叶须鱼

钱江源国家公园
小智，小慧，你们要去哪个国家公园呀？
职业
小智：医生
小慧：美食家
鸽子档案
小智
小智和小慧
多观察，多思考——该怎么帮小动物们生活得更健康呢？
美食是我旅行的最大动力！
物种
原鸽-布伦纳球胸鸽（Columba livia）
小慧
是圆圆呀，我们正准备去钱江源国家公园呢！
翼展 60~65 厘米
身长 32~36 厘米
好生气！
要……炸了？！

它们生气时的样子也和圆圆一样，嗉囊快速充气让它们看上去格外高大又不好惹。

与圆圆一样，小智和小慧也是球胸鸽。布伦纳球胸鸽（Brunner Pouter Pigeon）是享誉世界的观赏鸽品种，它们不擅长高飞，走路一摇一晃，就像一个绅士。

公园档案

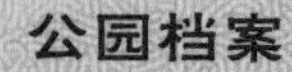

钱江源国家公园位于钱塘江的发源地。贯穿浙江的钱塘江被视为浙江的母亲河，这条曲曲折折的河流也是浙江名字的由来。钱塘江的上游被称为新安江，中游被称为富春江，下游则被称为钱塘江。

富春江 钱塘江 新安江

钱江源国家公园园区内有原始状态的大片天然次生林，林相结构复杂，是华东地区重要的生态屏障。

钱塘江大潮极其壮观，每年农历八月十八，太阳、月亮和地球位于一线。在巨大的潮汐力作用下，潮水极其壮观。

钱塘江大潮

黑鹿

钱江源国家公园内有高等植物 2062 种、鸟类 237 种、兽类 58 种、两栖动物 26 种、爬行动物 51 种、昆虫 1156 种。

白颈长尾雉

这里的土壤多为红壤，因为酸性土壤中的含铁物质被氧化之后会呈现出红色。

钱江源属典型的亚热带季风气候，四季分明，为亚热带常绿阔叶林生长创造了很好的条件。

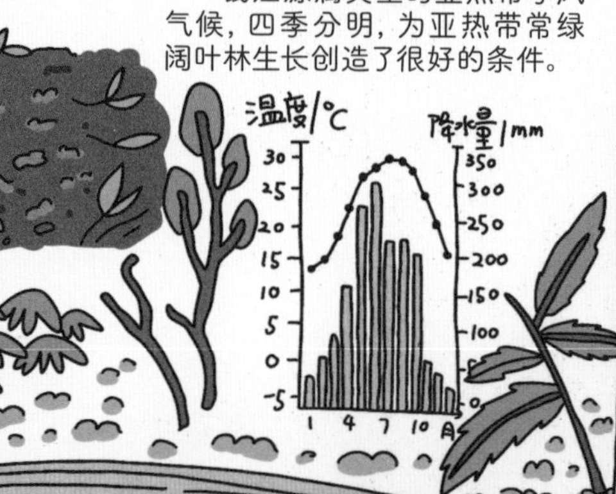
温度/°C
降水量/mm
30
25
20
15
10
5
0
-5
350
300
250
200
150
100
50
1 4 7 10 月

路线一：随医生小智去义诊

小智义诊进行时

医生小智、美食家小慧与学者圆圆是好朋友，听说圆圆马上要在武夷山开启地史学和生态学调查，它们也连忙奔赴钱江源国家公园。在钱江源国家公园，它们的工作也很了不起呢！

路线二：随美食家小慧去旅行

路线一
钱江源国家公园
咕咕
咕
咕
咕
咕
告别圆圆，我要在钱江源国家公园义诊一天。
小智在义诊处放下包裹。
?
智
还没来得及喘口气，它就迎来了第一位患者。
您好！
好！
小智医生！我是来做产检的，麻烦您快帮我看看呢！
小智医生，我听说我们可能没办法生育……
别着急，慢慢说。先来登记一下信息，再做检查吧！
小智
它叫什么来着？
黑麂
毛冠鹿
原来是黑麂！
记录下基本信息后，小智认真地为黑麂做起了检查。
黑麂是一种中等体形的食草动物，为国家一级保护野生动物。黑麂脑袋上有一撮毛，跟毛冠鹿有点儿像。黑麂生活地区的海拔要比它的近亲高一些。
黑麂染色体数量非常少，而且雌雄染色体数量不一样。
♀雌
♂雄
8条
9条
黑麂产生后代的染色体机制至今还是个谜。
黑麂宝宝
染色体
?
骡子是马和驴的后代，它的染色体是63条，没法被2整除，因此无法生育。
驴
62条
马
64条
骡
63条
虽然小智是医生，但它也搞不明白黑麂产生后代的染色体机制。
小智义诊
姓名
性别
既往病史：
体格检查：
辅导检查：
医生签名：
日期：
给黑麂做了几项检查，确认一切正常后，小智迎来了第二位动物朋友。
?

智义诊
中华穿山甲缓缓挪进了诊所。
义诊
小智医生，可能最近天气太干了，我的鳞片痒痒的，不太舒服。
你不是喜欢干燥的天气吗？
记错了！
小智一拍脑袋，连它都差点儿把中华穿山甲和犰狳搞混了。
犰狳适应干燥的环境，中华穿山甲则喜欢潮湿的环境，两者虽然长得像，但其实不光生活习惯不一样，就连亲缘关系都很远。
别急，我来看看！看来需要润肤霜。
小智给它开了些药。
终于可以稍微休息一会儿了。
温暖湿润的南方是中华穿山甲最爱的地方。穿山甲体表布满鳞片，这是它们皮肤的衍生物。大熊猫国家公园里的豪猪，还有远在美洲的犰狳，体表都生长着不同的皮肤衍生物，比如棘刺和骨质甲。
中华穿山甲
豪猪
犰狳
你好，小智医生，我是小灵猫，以各种小型兽类和鸟类为食。
我平时会将由肛门腺分泌的香味物质涂在树上标记领地，还会分泌奇臭物质自卫。
别急，有我呢！
不香了。
但我最近觉得自己……
你的腺体没有问题，你应该是患上了鼻炎。
还没开完药，诊所门口就响起一片吵闹声……
小智医生！
一大群动物涌了进来！
小智医生，
怎么啦？
慢慢讲。
小智医生，我觉得最近自己的体形……
你好！
我想向您请教一下！
还有啊！
东一句，西一句，小智终于明白了动物们的来意。它们只有一个问题：为什么它们的体形比北方动物的小呢？
哈哈哈哈！
小智医生！有没有什么办法能让我们身体变得更魁梧啊！
实际上啊，在热的地方，体形小利于散热。
那就是说，我们的体形没办法改变咯？
哇！
哎呀，其实……
虽然是这样，但相比体形大的动物，你们也有自己的优势啊。
豹猫
什么优势呢？
什么优势呢？
什么优势呢？
什么优势呢？
在越冷的地方，身体突出的部分越小；在越热的地方，突出部分越大。
比如豹猫，你的耳朵、四肢和尾巴都比北方豹猫的大哟！
快停下来！
小智！
小智！
原来大家各有所长！小动物们不郁闷了，它们把小智团团围住，要向它道谢呢！

路线二
小慧早就准备好了美食图鉴，
它要尝遍这里所有的美食！
美食图鉴
?!
在树林里闲逛了没一会儿，小慧忽然听见前方传来一阵嘈杂声。
爱看热闹的小慧立刻拍拍翅膀，好奇地飞去围观了。

一大群小动物吵得热火朝天，小慧好不容易挤进去，听了半天才明白，
原来在场的小动物都是美食家，正为了谁的食物更好吃而争论呢！

我不服！
白蚁是最美味的食物！
开什么玩笑！
?
?!

不服
大家谁也不服谁，
争论没完没了。

平胸龟气势汹汹地出来
主持公道。
都别吵啦！
白蚁？
白蚁有啥好吃的？
不如我们办一场美食大赛，找个美食家来帮我们评评理吧！

那么，谁来担任美食家
评委呢？小慧察觉到周围
忽然静下来。

我？
?
!
咕？
……
……

平胸龟晃着大脑袋，
一锤定音。评委就是——
小慧！

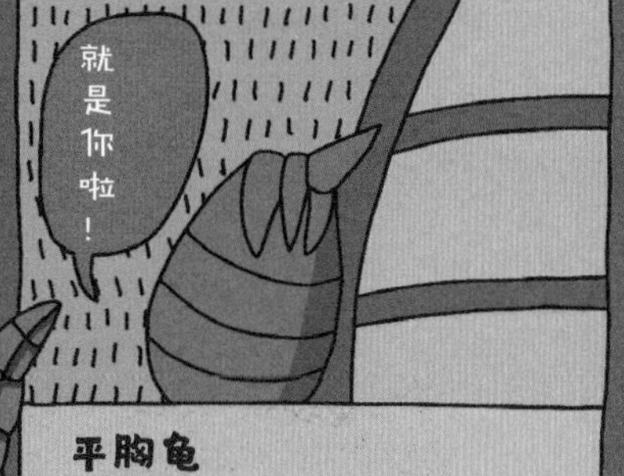

就是你啦！

平胸龟

平胸龟也叫大头龟，是一种很凶猛的龟，它的食物主要有蜗牛、蚯蚓、小鱼、螺类、虾类、蛙类等。平胸龟的脑袋很大，缩不到壳里面，尾巴却又细又长。

那么……你们谁第一个来制作美食呢？

第一名大厨中华穿山
甲端上一盘白蚁烩。

这……

小慧面露难色，
但大厨却忍不住了。
吸

嘿嘿，这样就不用我尝了。有请下一位选手！
太好了！
河鲜汤

太鲜啦！
接下来是平胸龟带来的河鲜汤。
咦……？
咻~
啊
救命
这这
小慧刚想说什么，
就见平胸龟一副要吃
“鸽子刺身”的样子。
我给10分！
10
仙八色鸫（dōng）
好吃！
10
10
仙八色鸫的爆炒虫虫
很合小慧的口味。
小吃美食家领角鸮
迟迟不到，再一打听，
原来它迷路了。
只能算它弃权。
大赛进入尾声，大胃美食
家亚洲黑熊上场了。
美食评比
噎
10
嗯？
咕
其实刚刚小慧已经吃饱了，
此时面对这么一大盘蔬菜，
小慧只觉得胃里隐隐
不太舒服……
但看着亚洲黑熊居然还能变得
更黑的脸色，小慧只能求饶般
地打出了10分。
我把11分留给
我自己！
动物们一对比分数，
发现大家都是10分。
这可该怎么办？
但小慧早已远远飞向天空。
什么？
你也是
10分？
河鲜美食家
平胸龟
卡住了
……
走开！
平胸龟会爬树。
据说它还会捕鸟。
鳄鱼一样的尾巴
领角鸮是一种很小的猫头鹰，晚上会捕食昆虫、老鼠和小鸟。
你们给我等着，别让我在
晚上见到你们！
但领角鸮在白天视力不好，因此会被很多小鸟驱逐。
小吃美食家
领角鸮
虫虫美食家
仙八色鸫
仙八色鸫是一种非常漂亮的小鸟，长着五彩的羽毛，喜欢在地面上扒拉树叶，翻底下的小虫吃。
中华穿山甲以各种昆虫为食，尤其喜欢吃白蚁。它能挖深达4米的洞，还有一条长舌头，可以用黏黏的唾液把白蚁粘住，吞进肚子里。
白蚁美食家
中华穿山甲
犰狳爪子
穿山甲爪子
中华穿山甲没有牙齿，但是犰狳有很多牙齿。它们的爪子也长得不一样。
大胃口美食家
亚洲黑熊
亚洲黑熊是钱江源最大的食肉动物，数量较多。与其他地区的黑熊一样，它也采食大量的植物。
怎么哪个公园
里都有你？

领角鸮
金钱松
白鹇
仙八色鸫
曲轴黑三棱
黄腿渔鸮

兵分两路的小智和小慧完成了在钱江源国家公园的工作，
而此时，其他鸽子们还都不知道呢！
亚洲黑熊
黑鹿
小灵猫
香果树
络石
南方红豆杉
豹猫
杨子鳄
白颈长尾雉
杜仲
青钱柳
中华穿山甲

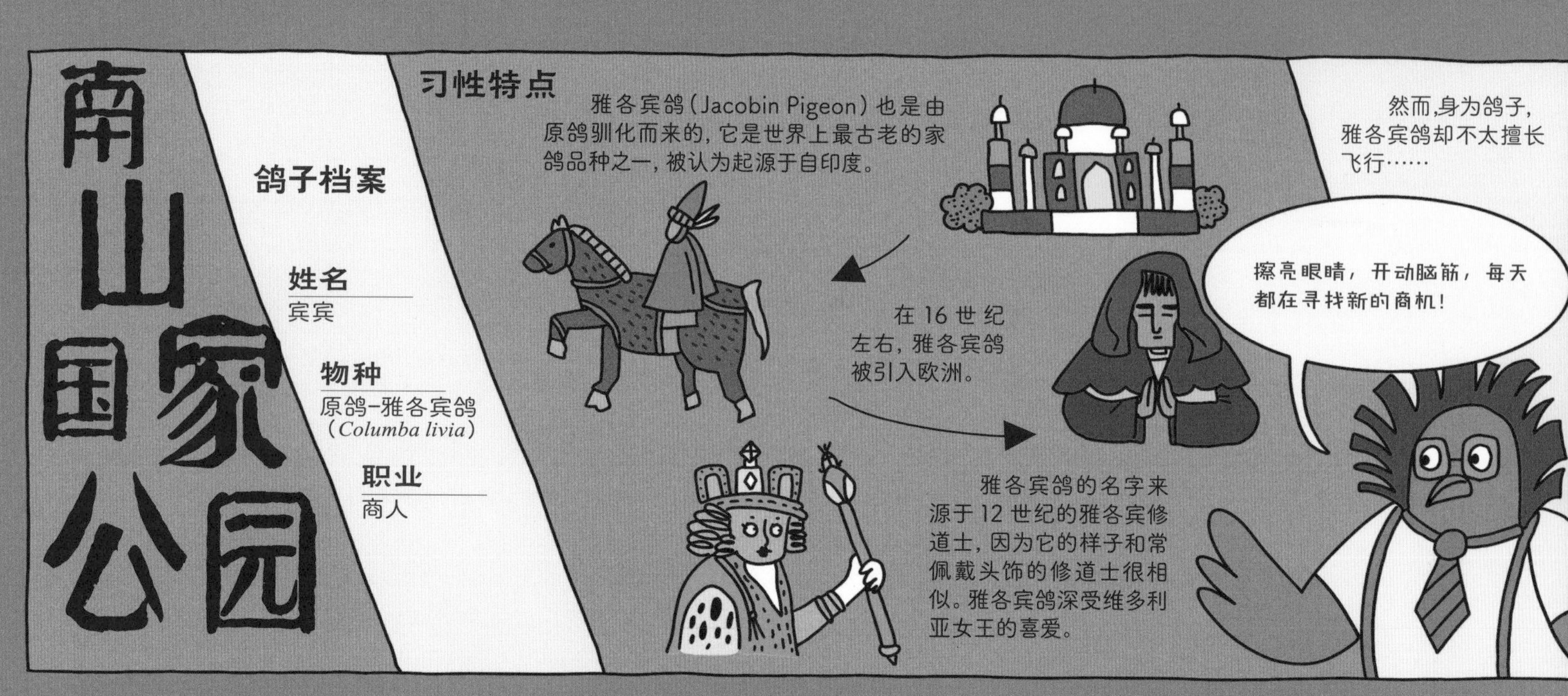
南山国家公园
鸽子档案
姓名
宾宾
物种
原鸽-雅各宾鸽
（Columba livia）
职业
商人
习性特点
雅各宾鸽（Jacobin Pigeon）也是由原鸽驯化而来的，它是世界上最古老的家鸽品种之一，被认为起源于自印度。
在16世纪左右，雅各宾鸽被引入欧洲。
雅各宾鸽的名字来源于12世纪的雅各宾修道士，因为它的样子和常佩戴头饰的修道士很相似。雅各宾鸽深受维多利亚女王的喜爱。
然而，身为鸽子，雅各宾鸽却不太擅长飞行……
擦亮眼睛，开动脑筋，每天都在寻找新的商机！

公园信息

南山国家公园位于我国湖南省邵阳市城步苗族自治县境内，总面积约636平方千米，是我国南北纵向山脉与东西横向山脉的交汇枢纽。南山国家公园为长江流域和珠江流域的分水岭，是长江流域的沅水和珠江流域的西江水系的重要发源地。

南山国家公园地处亚热带季风气候区，但是受海拔和地形影响，立体差异明显，局部小气候很多。

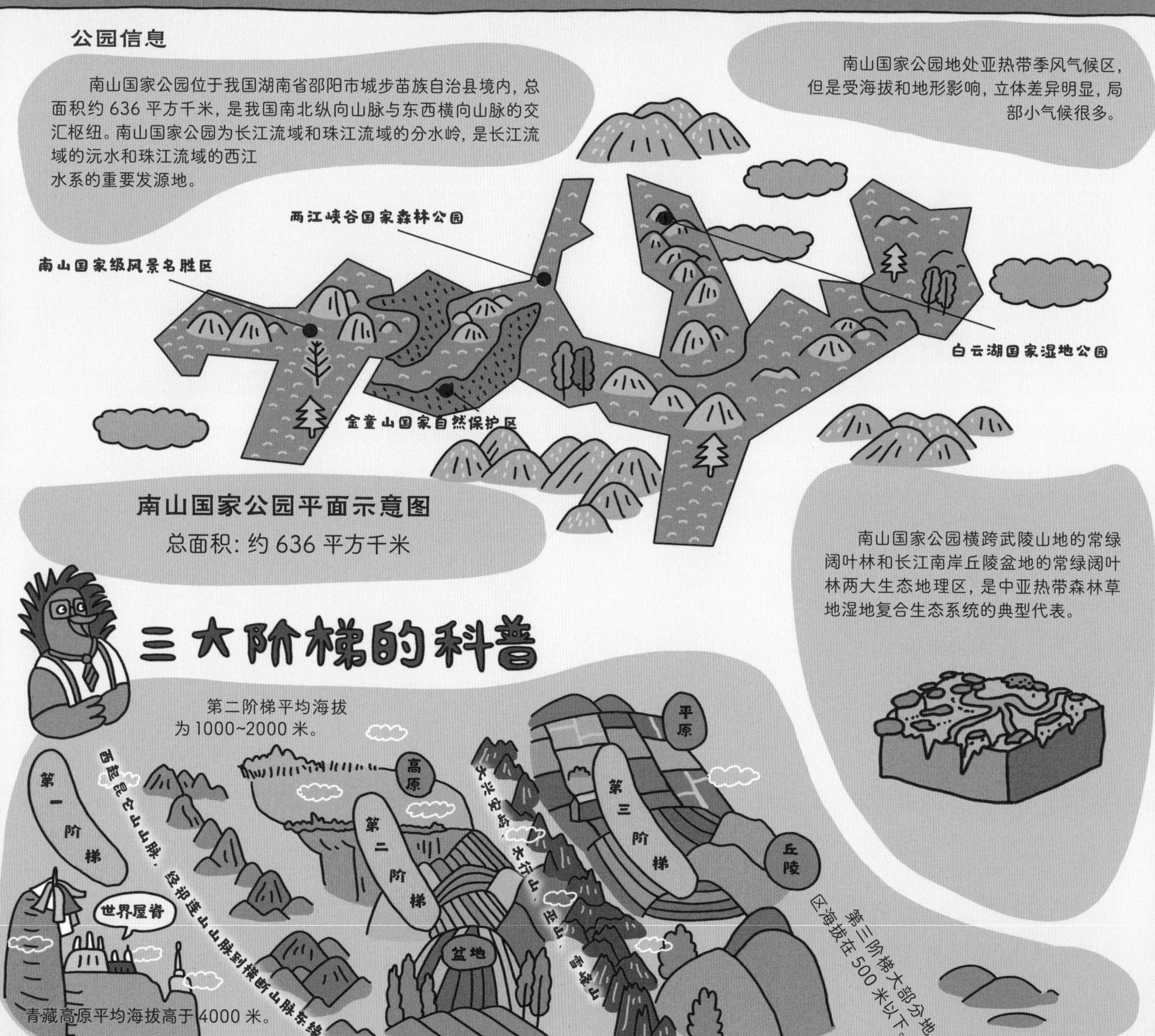
两江峡谷国家森林公园
南山国家级风景名胜区
白云湖国家湿地公园
金童山国家自然保护区
南山国家公园平面示意图
总面积：约636平方千米
三大阶梯的科普
第二阶梯平均海拔为1000~2000米。
第一阶梯
西起昆仑山山脉，经祁连山山脉到横断山脉东缘
世界屋脊
青藏高原平均海拔高于4000米。
高原
第二阶梯
盆地
大兴安岭、太行山、巫山、雪峰山
平原
第三阶梯
丘陵
第三阶梯大部分地区海拔在500米以下。

南山国家公园横跨武陵山地的常绿阔叶林和长江南岸丘陵盆地的常绿阔叶林两大生态地理区，是中亚热带森林草地湿地复合生态系统的典型代表。

路线一：前往泥炭藓沼泽
宾宾的一天总是繁忙不已。
它要寻找商机，
联系合作伙伴……
它的足迹遍布大江南北。
这次来到南山，
它也有很多工作要完成……
南山国家公园中转站
我爱喝水
路线二：前往万物车站

哎呀！
路线一
有了
为了来南山国家公园，不擅长飞行的宾宾可是花了大力气。而它来这里最大的原因是——
这里有中南地区规模最大的中山泥炭藓沼泽湿地！
泥炭藓可是好东西，
作为一名有独到眼光的商人，
宾宾打算发展泥炭藓种植事业。
种源
还是得实地来看看。
这次，它就是来南山国家公园进行实地调研的。

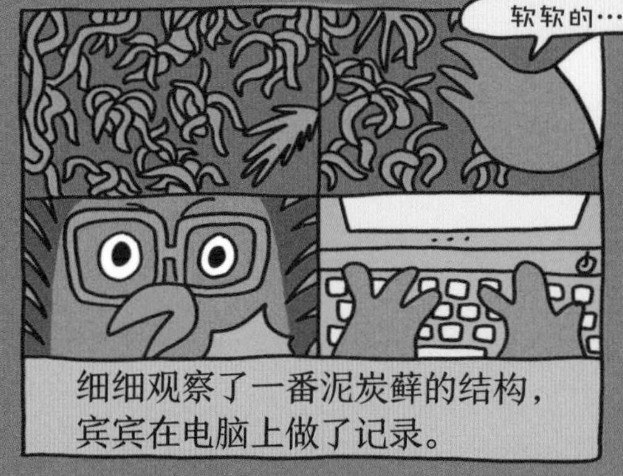
软软的……
细细观察了一番泥炭藓的结构，
宾宾在电脑上做了记录。

除了泥炭藓的结构以外，宾宾同样对泥炭藓的
繁殖方式进行了认真的研究。

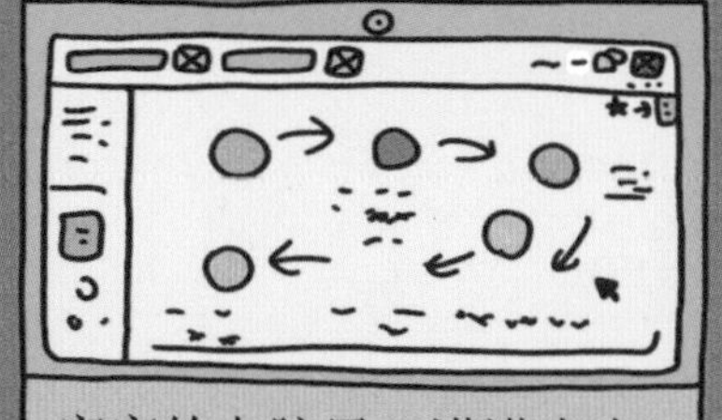

宾宾的电脑里，满满当当
都是泥炭藓的资料。

资料和实物一结合，
宾宾已经对未来的
种植事业充满了信心！

最后也是最重要的调研，
就是关于泥炭藓功能的调研。
宾宾之所以选中泥炭藓作为
种植对象，正是因为它有
强大的吸水能力、固碳能力
和对污染物的净化能力。

在环保日益重要的当下，泥炭藓对
生态环境的益处可是不可替代的！

咕咚咕咚
……

泥炭藓

调研之旅结束，宾宾心中对泥炭藓种植事业已经有了规划，
下一步就是将规划落到实处，用努力让环境变得更美好！

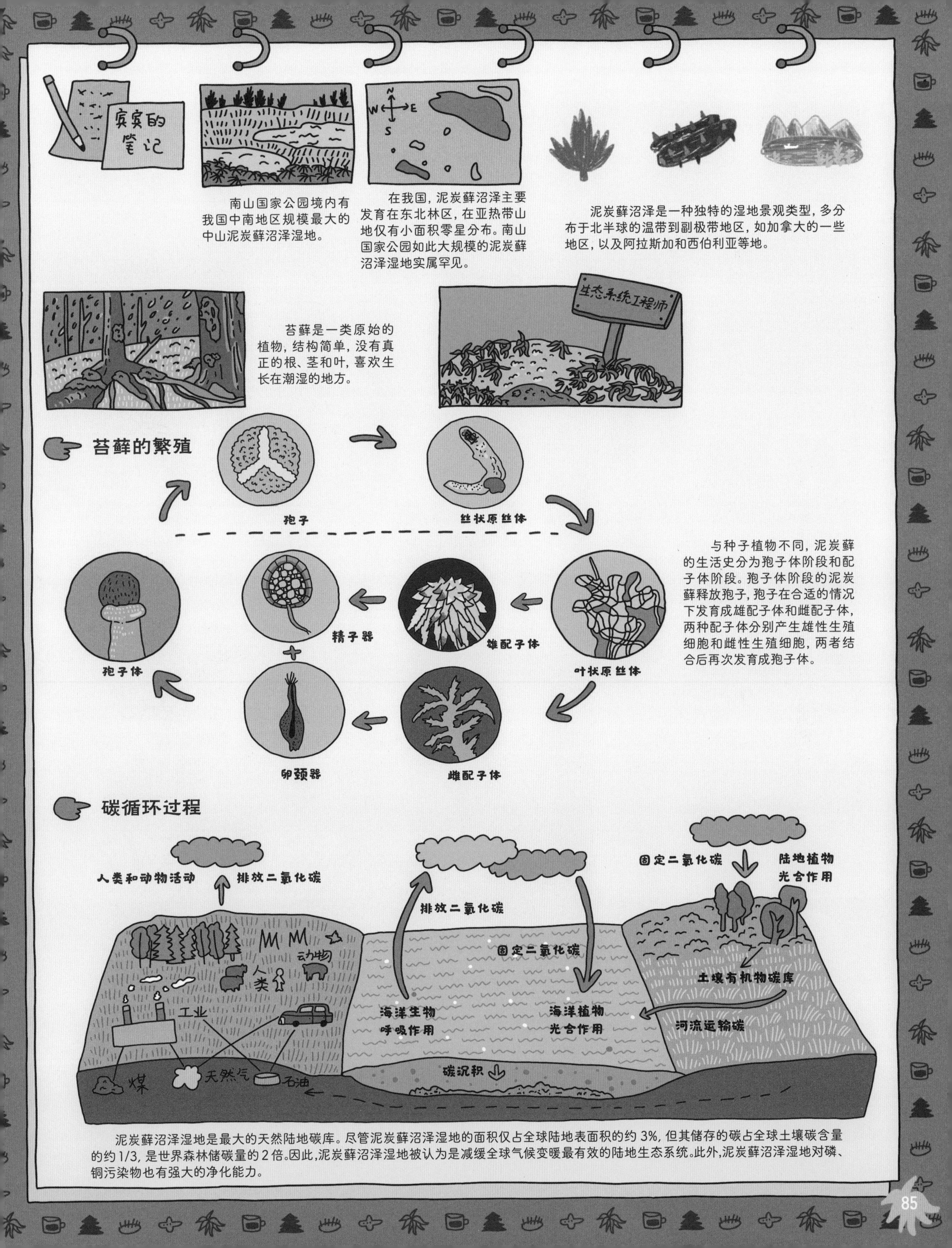

宾宾的
笔记
N
W
E
S
生态系统工程师
苔藓的繁殖
孢子
丝状原丝体
叶状原丝体
雄配子体
精子器
孢子体
雌配子体
卵颈器
碳循环过程
人类和动物活动
排放二氧化碳
排放二氧化碳
固定二氧化碳
陆地植物
光合作用
动物
人类
工业
固定二氧化碳
土壤有机物碳库
海洋生物
呼吸作用
海洋植物
光合作用
河流运输碳
煤
天然气
石油
碳沉积

南山国家公园境内有我国中南地区规模最大的中山泥炭藓沼泽湿地。

在我国，泥炭藓沼泽主要发育在东北林区，在亚热带山地仅有小面积零星分布。南山国家公园如此大规模的泥炭藓沼泽湿地实属罕见。

泥炭藓沼泽是一种独特的湿地景观类型，多分布于北半球的温带到副极带地区，如加拿大的一些地区，以及阿拉斯加和西伯利亚等地。

苔藓是一类原始的植物，结构简单，没有真正的根、茎和叶，喜欢生长在潮湿的地方。

与种子植物不同，泥炭藓的生活史分为孢子体阶段和配子体阶段。孢子体阶段的泥炭藓释放孢子，孢子在合适的情况下发育成雄配子体和雌配子体，两种配子体分别产生雄性生殖细胞和雌性生殖细胞，两者结合后再次发育成孢子体。

泥炭藓沼泽湿地是最大的天然陆地碳库。尽管泥炭藓沼泽湿地的面积仅占全球陆地表面积的约 3%，但其储存的碳占全球土壤碳含量的约 1/3，是世界森林储碳量的 2 倍。因此，泥炭藓沼泽湿地被认为是减缓全球气候变暖最有效的陆地生态系统。此外，泥炭藓沼泽湿地对磷、铜污染物也有强大的净化能力。

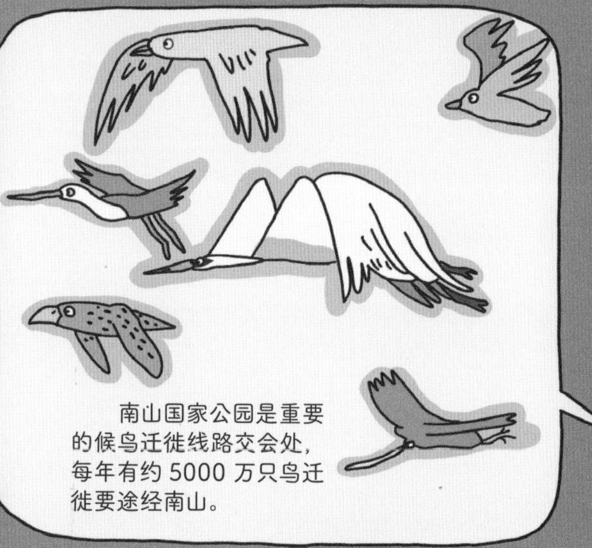

南山国家公园位于两条国家级地理分界线的交会处，一为南北走向的中国第二级和第三级地势阶梯分界线；二为东西走向的南岭，它是我国中亚热带和南亚热带的分界线。

在聊什么啊，这么热闹？

还没到发车的时间，动物们已经耐不住寂寞，聚成一堆聊得热火朝天了。宾宾当然也不甘寂寞，眼睛一转就凑了上去。

我要去大熊猫国家公园和普达措国家公园，有没有和我顺路的啊？

我去过大熊猫国家公园做生意！在那里我也见过林麝——说不定你俩还认识呢！

神农架国家公园漂亮得不得了！

白颈长尾雉

什么？武夷山国家公园？你怎么知道我要去那里？

动物们东一句西一句。

钱江源国家公园？我也去啊！不如我们一起吧！

我呀？我准备去钱江源国家公园，因为我有很多亲戚朋友在那里。

本就不大的候车室顿时热闹起来。

冷不丁，一个音量不大却格外清晰的声音出现了：“嘶——检票了——都给我安静点儿——”
叽叽喳喳
叽里呱啦
踩到滑溜溜的东西啦！
什么东西？
!!
啊
尖吻蝮吐着信子，在吵闹的动物周围冷冷地梭巡着。
一瞬间，大家全都安静下来，乖乖排成几队，准备检票进站。
好吓人的家伙……
被咬的话
应该很痛……
会死的！
混合毒素
眼镜蛇科的眼镜蛇和眼镜王蛇的毒液中含此种毒素。
呜……好可怕，只要没惹尖吻蝮生气就应该没关系吧？
怎么不见了？
?
胡思乱想间，轮到宾宾检票了，乌龟好脾气地伸出手。
车票给我看看吧！
血循环毒素
大部分蝰科毒蛇的毒液中都有血循环毒素，特点是可以带来明显疼痛，造成组织坏死。
蛇毒种类
神经毒素
金环蛇、银环蛇等眼镜蛇科环蛇属蛇类的蛇毒中含此种毒素。人中毒后，毒性发作较慢，初期痛感不明显，但全面发作后伴随神经症状，十分痛苦，没有血清的情况下死亡率很高。
细胞毒素
这是眼镜蛇科海蛇属所分泌的毒素类型，它与神经毒素的区别是不侵害神经系统，而破坏人体细胞。

别怕，它只是看起来凶而已，但其实是很敬业的巡查员呢！
见宾宾战战兢兢的样子，乌龟又安慰了一句。
那就好！
!!
哇！手感真好啊，和我在博物馆看到的甲骨文文物一样呢！
松了口气的宾宾脑子又活泛起来，摸了摸乌龟的龟甲。

看着乌龟越来越黑的脸色，宾宾决定还是先走为妙。

在南山国家公园见到的动物，你也可以在这些地方看到！
林麝：大熊猫国家公园、神农架国家公园、普达措国家公园；小灵猫：钱江源国家公园；白颈长尾雉：武夷山国家公园、钱江源国家公园；尖吻蝮：武夷山国家公园……

乌龟
甲骨文
我是第一次啦！
你也出现过吗？
乌龟是龟科拟水龟属的爬行动物，脾气非常温和，是我国分布最广的淡水龟之一。它的龟甲是甲骨文最常用的刻划材料。
不
!
没有一只乌龟的壳生来就是用来刻字的！*
请问可以在你的壳上刻字吗？

* 注：小朋友们一定要爱护动物，不要在乌龟的龟壳上刻字、涂抹油彩。

在万物车站，生灵们有序地来来往往，
前往大江南北。
而宾宾的目的地是哪里呢？
小灵猫
尖吻蝮
绿鹭
白颈长尾雉
牛背鹭
大白鹭

平胸龟
夜鹭
南山国家公园
中转站
鹭
林麝
售票处
1
2
池鹭
草鹭
出租车

汇报刚结束，鸽界秘密行动大会突发意外情况！一瞬间，浪花拿着纸笔，岩岩举着话筒和摄像机凑了过去，卓玛在远处架起了画架，小原挡在其他鸽子前面，做出保护的姿态……

斑头雁
竟然是你们……
雪豹

等等！我也是带着国家公园的消息来的哟！

噢！

你们不知道吧，
未来还会有49个国家公园。到那个时候，中国国家公园的总面积就会位居世界首位啦！
咳咳！
哇！

《国家公园空间布局方案》系统规划布局了49个国家公园候选区，保护面积约110万平方千米，占陆域国土面积的10.3%。

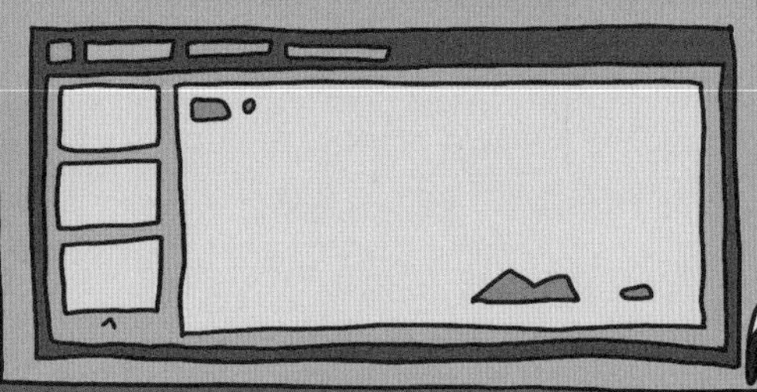

各位，看这里！

10.3%
陆域国土面积
海洋
陆地
陆域面积 99 万平方千米
海域面积 11 万平方千米
日本
2 万平方千米
中国
即将达到 110 万平方千米
美国
34 万平方千米
加拿大
21 万平方千米
法国
62 万平方千米
巴西
25 万平方千米
俄罗斯
16 万平方千米

我要去那里写生！
好棒呀！
隐隐约约有听说啦！

从陆地到海洋，49 个国家公园候选区涉及 28 个省份，全面覆盖中国的森林、草原、湿地、荒漠、海洋等各类生态系统。

根据生态系统、生态功能和生物多样性等保护要求，49 个国家公园候选区包含 3 个生态屏障区。

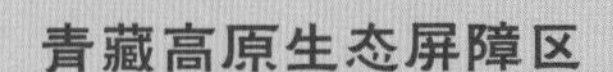

青藏高原生态屏障区

青藏高原是众多大江大河的发源地，包含三江源、昆仑山和青海湖等 13 个已建国家公园或候选区，总面积将达到 77 万平方千米，约占国家公园候选区总面积的 70%。

4000米
欢迎！
欢迎！

49 个国家公园共分布着 5000 多种野生脊椎动物和 2.9 万余种高等植物，拥有众多大尺度的生态廊道，是保护国际候鸟迁飞、鲸豚类洄游、兽类跨境迁徙的关键区域。

长江重点生态区（含川滇生态屏障）

长江流域是中华民族的摇篮，这里包含香格里拉、大熊猫、神农架、南山、梵净山等 11 个已建国家公园或候选区。

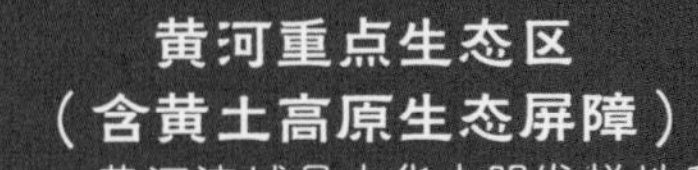

黄河重点生态区（含黄土高原生态屏障）

黄河流域是中华文明发祥地和天然生态屏障，这里包含祁连山、秦岭和黄河口等 9 个国家公园候选区。

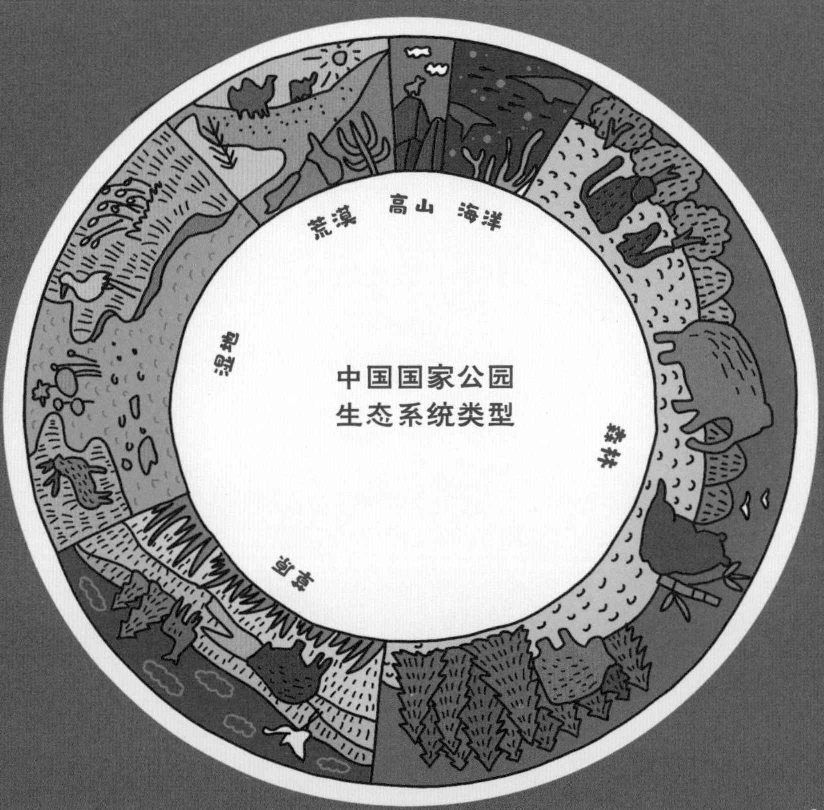

荒漠
高山
海洋
湿地
森林
草原
中国国家公园
生态系统类型

珠穆朗玛国家公园
——斑头雁的重点推荐
喜马拉雅山脉
红隼
岩羊
黑颈鹤
斑头雁
棕头鸥
赤狐
纳木措

羌塘国家公园
——雪豹的重点推荐
秃鹫
雪豹
藏羚羊
藏野驴
红耳鼠兔
西藏毛腿沙鸡
长嘴百灵
赤麻鸭
狗獾

外出
鹿
植物